BIBLIOTHÈQUE DES COURS DE L'ASSOCIATION POLYTECHNIQUE

PRINCIPES

DE

MÉCANIQUE GÉNÉRALE

LEÇONS PROFESSÉES

A L'ASSOCIATION POLYTECHNIQUE

PAR

J. LONCHAMPT
Ancien Élève de l'École Polytechnique
Officier de l'Instruction publique

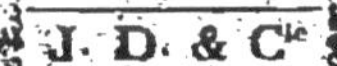

PARIS
J. DEJEY ET Cie, IMPRIMEURS-ÉDITEURS
de l'École centrale des Arts et Manufactures, de la Société des anciens Élèves des
Écoles nationales d'Arts et Métiers et de l'Association polytechnique
18, RUE DE LA PERLE, 18

1877

PRINCIPES

DE

MÉCANIQUE GÉNÉRALE

Dans sa séance du 28 juin 1877, le Conseil de l'Association Polytechnique, sur le rapport du Comité des publications, a décidé l'impression des Leçons de mécanique générale professées par M. J. Lonchampt.

Le Président de l'Association Polytechnique,

DUMAS,

Membre de l'Académie Française,
Secrétaire perpétuel de l'Académie des Sciences,
Vice-Président du Conseil supérieur de l'Instruction publique.

BIBLIOTHÈQUE DES COURS DE L'ASSOCIATION POLYTECHNIQUE

PRINCIPES

DE

MÉCANIQUE GÉNÉRALE

LEÇONS PROFESSÉES

A L'ASSOCIATION POLYTECHNIQUE

PAR

J. LONCHAMPT

Ancien Élève de l'École Polytechnique

Officier de l'Instruction publique

PARIS

J. DEJEY ET Cie, IMPRIMEURS-ÉDITEURS

de l'École centrale des Arts et Manufactures, de la Société des anciens Élèves des Écoles nationales d'Arts et Métiers et de l'Association polytechnique

18, RUE DE LA PERLE, 18

1877

AVIS DE L'AUTEUR

Durant dix années consécutives (1859-1869), j'ai fait précéder la deuxième partie de mon cours d'astronomie, consacrée à la gravitation de Newton, de plusieurs leçons sur la mécanique abstraite. Ces leçons développées ont fait l'objet spécial de mon cours de l'année scolaire (1869-1870) à la section de l'École centrale, et de mon cours de l'année scolaire (1871-1872) à la section du faubourg Saint-Martin. C'est le résumé de cet enseignement que reproduit la présente publication.

Paris, le 19 mars 1877.

PRINCIPES

DE

MÉCANIQUE GÉNÉRALE

PREMIÈRE PARTIE

BUT ET DÉFINITION DE LA MÉCANIQUE

1. La mécanique a pour but l'étude de l'équilibre et du mouvement. Les théories de l'équilibre constituent la statique; les théories du mouvement la dynamique.

Il est inutile de rappeler que la mécanique ne s'occupe jamais, pas plus envers le cas astronomique qu'à l'égard d'aucun autre, des questions sur l'origine des mouvements quelconques. Ces recherches sont aussi vaines qu'inaccessibles, et sont bannies de la science.

2. La mécanique écarte en outre, non comme chimériques mais comme étrangères à son domaine, toutes les recherches relatives à la production des mouvements; elle se borne toujours à considérer les différentes circonstances qui caractérisent leur accomplissement, en renvoyant aux autres branches de la science l'étude des

phénomènes qui ont précédé et déterminé de tels effets. Par exemple, dans le tir des projectiles, la mécanique ne les considère qu'à leur sortie de la pièce de canon, pour étudier la courbe qu'ils décrivent, leur vitesse successive, le temps qu'ils emploient à atteindre un point donné, etc.; mais elle fait entièrement abstraction des questions physico-chimiques qui concernent la production intérieure de la force impulsive par l'explosion de la poudre. C'est pourquoi la mécanique compare des mouvements provenant de sources différentes; peu lui importe que la force motrice résulte d'un choc, de l'expansion d'un gaz ou d'une vapeur, ou des contractions musculaires d'un animal; si ces divers modes procurent aux mêmes masses les mêmes mouvements, elle les substitue les uns aux autres; elle n'y voit jamais que de simples images propres à mieux fixer les idées, car ses spéculations n'ont qu'un but uniforme, l'étude abstraite du mouvement.

3. C'est donc au cours de mécanique industrielle que doit être renvoyée l'étude des divers moteurs naturels ou artificiels, et celle des modifications apportées par les machines à l'intensité ou à la direction du mouvement.

4. L'objet propre des théories mécaniques consiste dans la composition des mouvements et par suite dans leur décomposition. Il s'agit de déterminer le mouvement composé qui résultera de la combinaison de divers mouvements simples, dont chacun est supposé déjà connu. Par exemple dans le cas des projectiles, les données sont les deux mouvements rectilignes, l'un uniforme dû à l'impulsion, l'autre uniformément varié pro-

duit par la pesanteur; la question a pour but d'en déduire la détermination complète du mouvement curviligne résultant de l'action simultanée de ces deux forces (48).

5. Il faut concevoir deux cas distincts dans la composition des mouvements; d'abord celui où l'on combine les divers mouvements simples d'un même corps (48), ensuite celui où la combinaison embrasse les mouvements de plusieurs corps liés entre eux (61).

6. La décomposition des mouvements (26) est surtout indispensable en mécanique céleste : car les mouvements composés sont seuls directement observés, tandis que les mouvements simples ne peuvent être connus que par une déduction théorique. Le principe fondamental de la gravitation établi par Newton, résulte d'une décomposition des mouvements explorés des planètes autour du soleil, afin de les ramener à leurs éléments.

7. C'est la doctrine de Copernic sur le double mouvement de la Terre, qui a dirigé les méditations des penseurs des deux derniers siècles vers les études mécaniques. Aussi trouvons-nous, dès le début de ce cours, les noms de Képler, de Galilée et de Newton, qui ont également fondé l'astronomie moderne.

L'antiquité n'a pas étudié le mouvement. Archimède a considéré le seul cas de l'équilibre. Son génie a formulé deux inductions fondamentales; la première sur l'équilibre du levier, la seconde sur celui des corps flottants. Ces deux découvertes ont servi de bases à toutes les spéculations statiques jusqu'à la fin du dix-septième siècle.

DEUXIÈME PARTIE

BASES FONDAMENTALES DE LA MÉCANIQUE

§ 1. — INERTIE.

8. La théorie générale du mouvement et de l'équilibre repose, d'une part, sur l'artifice logique de l'*inertie* et, d'autre part, sur trois lois du mouvement résultant de l'observation.

9. La mécanique abstraite suppose les corps dans un état de parfaite inertie, afin de spéculer librement sur le jeu mutuel des forces extérieures qui s'y appliquent. Cette appréciation des corps est purement fictive, car tous les corps réels, organisés ou non, offrent diverses sortes d'activité spontanée, qui leur sont inhérentes : tous sont sollicités par une pesanteur continue et universelle, tous nous présentent les phénomènes de chaleur, de lumière, d'électricité, etc. Aucun corps réel n'est donc inerte.

10. Néanmoins, la mécanique n'étudiant que l'accomplissement des mouvements, est autorisée à substituer à volonté les unes aux autres, les diverses forces hétérogènes qui peuvent produire les mêmes mouvements effectifs. Elle a donc le droit d'écarter toutes les forces

intérieures qui agissent sur les corps, pour en attribuer les effets à certaines forces extérieures, imaginées de manière à y correspondre exactement. Par exemple dans le cas de la pesanteur, on peut établir les théories abstraites du mouvement et de l'équilibre sans tenir aucun compte de cette propriété intime, pourvu qu'on la restitue ensuite dans les applications concrètes ; on la remplace alors par une impulsion extérieure susceptible de produire les mêmes effets (58). L'artifice logique de l'inertie est donc pleinement légitime.

11. Mais, de plus, il est absolument indispensable. Car sans cette abstraction préalable de toutes les forces intérieures, on ne saurait, en mécanique, établir aucun principe universel. La réaction inconnue que le corps pourrait toujours exercer, en vertu de ses propriétés intimes, rendrait impossible toute conclusion fondée sur la combinaison mutuelle des forces extérieures. Comment établir, en effet, l'axiôme fondamental de la statique : deux forces égales et contraires se font équilibre. Car la généralité de cette proposition suppose le corps auquel les deux forces sont appliquées, passif et dénué de toute réaction interne.

12. La nécessité du grand artifice logique de l'inertie est encore moins contestable que sa légitimité. Mais la restitution des propriétés naturelles qui ont été écartées offre des difficultés insurmontables. La pesanteur est la seule force intérieure que l'on sache restituer (48). Ainsi les théories du mouvement et de l'équilibre, malgré leur universalité, sont restreintes dans leur application aux plus simples cas concrets.

13. La conception des *forces* est toute moderne ; elle

est due essentiellement à Varignon et à Newton. Jusqu'à eux l'on ne parlait que de graves et de poids.

On entend par *forces* les mouvements actuels ou possibles abstraitement séparés des moteurs correspondants.

Deux forces sont égales quand, appliquées au même corps, elles lui impriment un même mouvement, que ce mouvement résulte de la pesanteur, d'un effort musculaire ou de tout autre impulsion.

L'artifice de l'inertie (9) crée des mobiles fictifs, dégagés de toute action intérieure, dépourvus de tout mouvement spontané.

La conception des forces institue des moteurs également fictifs, mais toujours extérieurs, qui remplacent l'activité spontanée de la matière par des efforts extérieurs équivalents. C'est avec ces mobiles et ces moteurs *subjectifs* que la mécanique abstraite construit les théories de l'équilibre et du mouvement.

14. Les forces sont de deux sortes. Elles sont *instantanées* ou *continues*. On dit qu'une force est instantanée lorsqu'elle cesse d'agir aussitôt que le mobile est lancé; tels sont les chocs et les impulsions. On appelle forces continues celles qui ne cessent jamais de solliciter peu à peu le mobile pendant tout le temps de sa course, comme la pesanteur.

En statique, où l'on étudie l'équilibre à un moment déterminé et non durant des périodes de temps successives, toutes les forces sont considérées comme instantanées, même la pesanteur (58). Il n'en est pas de même en dynamique, où l'on observe le mouvement pendant les diverses phases de son accomplissement; la pesanteur y devient le type des forces continues constantes, c'est-à-dire conservant pendant toute la durée du mouvement la même intensité et la même direction. Les forces de cette sorte produisent des mouvements rectilignes uniformément variés (46).

§ 2. — LOIS NATURELLES DU MOUVEMENT.

I

15. La première est due à Képler. Elle consiste en ce que tout mouvement simple est naturellement rectiligne et uniforme.

16. L'observation directe a seule établi cette notion primordiale. Une bille lancée sur un tapis de billard suit une ligne droite. Mais bientôt elle dévie et s'arrête. Les deux surfaces mises en contact sont couvertes d'inégalités qui s'entre-choquent et font obstacle à la propulsion de la bille. Aussi verra-t-on son mouvement persévérer d'autant mieux que les surfaces mises en contact auront un poli plus parfait. Il en sera ainsi, si on remplace le billard par une table de marbre unie et dressée horizontalement, et la bille aux contours rugueux par une bille d'acier bien tournée.

Faite dans ces conditions, l'expérience montre que la bille suit une ligne droite et que, durant les secondes successives, ses déplacements sont égaux.

Nous en concluons que toute force instantanée (14) produit un mouvement rectiligne et uniforme.

17. Une autre expérience confirme la tendance naturelle du mouvement à être rectiligne. La voici :

Un corps pesant fixé à une corde est animé d'un mouvement circulaire, comme une pierre placée dans une fronde. Si on coupe la corde ou si on lâche la fronde, le corps s'échappe en suivant la tangente du cercle ; le mouvement devient rectiligne. Ainsi le corps retenu par la corde et forcé de décrire un cercle, une fois abandonné à lui-même reprend le mouvement naturel et suit une ligne droite.

18. Cette première loi du mouvement (15) est qualifiée de loi de *persistance*, parce qu'elle établit que tout mobile tend à persévérer dans la direction et dans la vitesse quelconques qu'il a maintenant. S'il ne rencontre pas d'obstacle, il persévère ; si les influences extérieures tendent à le dévier ou à le retarder, cette persévérance se fait sentir par la résistance que le corps leur oppose.

Un cavalier dont le cheval s'arrête brusquement, est lancé en avant, parce qu'il tend à persévérer dans le mouvement qu'il avait. De même pour les personnes assises ou se tenant debout dans une voiture ou sur un bateau ; un arrêt brusque les précipite dans le sens du mouvement. Un voyageur qui descend d'une voiture en marche, tombe dans la direction que suit la voiture, parce qu'il est entraîné par elle dans son mouvement et qu'il tend à persévérer dans cet état.

Lorsqu'un homme traînant une charrette veut s'arrêter à un point donné, il est obligé de s'y prendre à l'avance ; car la charrette, en vertu de son élan, le pousse à son tour et l'empêche de s'arrêter instantanément.

Pour emmancher un balai ou un outil, on a coutume, après l'avoir plus ou moins engagé sur le manche, de frapper celui-ci vigoureusement et à diverses reprises contre un obstacle. Le choc rompt soudain la marche imprimée au manche; mais le balai ou l'outil, que celui-ci a entraîné, continue de se mouvoir quelque peu et s'enfonce chaque fois de plus en plus.

19. L'observation des mouvements forcés, surtout circulaires, fait ressortir la disposition naturelle à la conservation de la vitesse acquise : un pendule, écarté de la verticale (61), tend à exécuter autour d'elle des oscillations qui durent d'autant plus longtemps, qu'on diminue les résistances de l'air ambiant et du frottement de l'axe. Rappelons les expériences de Borda à l'observatoire de Paris : il y a prolongé jusqu'à plus de trente heures le simple mouvement d'un pendule dans le vide.

20. Puisque toute vitesse, une fois imprimée, se conserve d'autant plus que nous diminuons davantage les obstacles extérieurs, une juste induction a autorisé Képler à conclure que le mouvement se perpétuerait sans cesse au même degré, si les résistances pouvaient entièrement disparaître. L'exploration astronomique nous offre la confirmation la plus décisive d'une telle loi ; les mouvements célestes ont une permanence irrécusable, puisque, depuis quatre mille ans qu'on les observe, le milieu général n'y a pas apporté la moindre altération appréciable.

21. La loi de Képler nous offre un mode de représentation des forces instantanées. C'est la ligne droite.

MM' représente le mouvement rectiligne produit par une certaine impulsion instantanée ; M est le point de départ du mobile ou le point d'application de la force; enfin nous établirons (28) que la longueur MM', parcourue par le mobile pendant l'unité de temps, mesure l'intensité de la force.

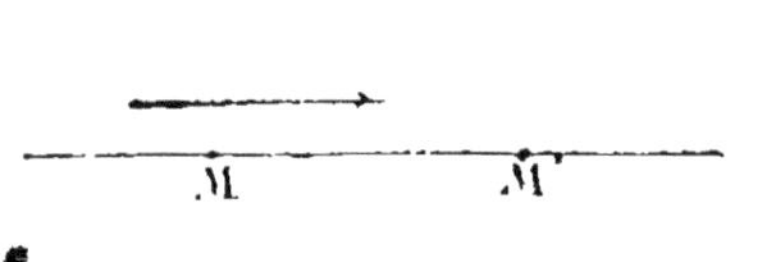

MM' définit donc la force instantanée F appliquée en M. Cette image géométrique a permis de ramener les problèmes d'équilibre et de mouvement à de simples constructions de figures et à des mesures de longueurs.

II

22. C'est Galilée qui a découvert la seconde loi fondamentale du mouvement. Elle consiste dans la conciliation entre les mouvements partiels de divers corps quelconques et le mouvement commun de leur ensemble. Si plusieurs corps agissent les uns sur les autres, par telles forces qu'on voudra, intérieures ou extérieures, leur état relatif de mouvement ou de repos ne sera nullement altéré en imprimant à tous un même mouvement d'ailleurs arbitraire, qui leur fasse décrire à la fois des droites égales et parallèles. Cette loi porte le nom de loi de la *co-existence*.

23. La doctrine de Copernic sur le double mouvement de la Terre souleva des objections unanimes. Cette translation si rapide de notre planète autour du Soleil devait troubler tous les mouvements à sa surface. C'est pour dissiper cette erreur que Galilée observa avec attention ce qui se passe dans un char ou sur un vaisseau rapidement transportés : tous les mouvements partiels s'accomplissent comme si le char ou le vaisseau

était immobile. Nous voyons une machine à vapeur, un télégraphe électrique, un mécanisme d'horlogerie fonctionner avec la même régularité qu'à terre.

Un voyageur sur un paquebot, parcourant 10 mètres par seconde, lance verticalement à une hauteur de 5 mètres une balle de plomb; sa main recevra le projectile comme si le bateau à vapeur était stationnaire, quoique, pendant les deux secondes qu'auront duré l'ascension et la descente de la balle, cette main ait été transportée à 20 mètres du point de départ.

Dans un navire animé d'un mouvement uniforme, un objet qu'on abandonne du haut d'un mât dressé verticalement tombe au pied de ce mât comme si le navire ne marchait pas.

Dans un train rapide, les animaux et les hommes n'éprouvent aucune gêne; la translation ne trouble ni la circulation du sang, ni la digestion, ni aucune autre fonction indispensable à la conservation de la vie.

24. La loi de Galilée (22) exige que le mouvement général soit exactement commun à toutes les parties du système, soit pour la direction, soit pour la vitesse. Ce qui ne se présente pas dans les rotations. Car dans cette sorte de mouvement, les divers points n'ont pas la même direction, puisqu'ils décrivent à chaque instant différentes tangentes de leurs cercles respectifs; leur vitesse est pareillement inégale, puisque ces cercles décrits simultanément n'ont pas des rayons égaux. Le mouvement de rotation tend à détruire le corps; s'il était assez rapide pour surmonter la cohésion des parties qui lui fait résistance, la destruction serait inévitable. C'est donc aux rotations qui accompagnent les

translations qu'il faut attribuer les objections apparentes à la loi de Galilée.

Quelque frêle que soit le mécanisme d'une montre, il n'éprouvera aucun dérangement, si cet appareil reçoit une translation simple, comme le démontre l'expérience journalière des voyageurs dans les trains rapides des chemins de fer; tandis qu'une légère rotation suffira pour le troubler.

Les animaux et les hommes transportés à grande vitesse ne ressentent aucun trouble; malgré la translation rapide, tous leurs mouvements intérieurs, comme la circulation du sang par exemple, ou extérieurs, comme le mouvement des bras et des jambes, s'exécutent comme au repos; tandis que les rotations rompent l'harmonie et produisent sur les bateaux, lors du roulis ou du tangage, le phénomène du *mal de mer*.

25. La loi de Galilée (22) fournit la règle fondamentale de la composition des mouvements.

Un corps décrit MD pendant une seconde sollicité par une certaine force F; sous l'action isolée d'une autre force F′, il décrirait MC pendant le même temps; quel est le mouvement qui lui sera imprimé par l'action simultanée des deux forces F et F′?

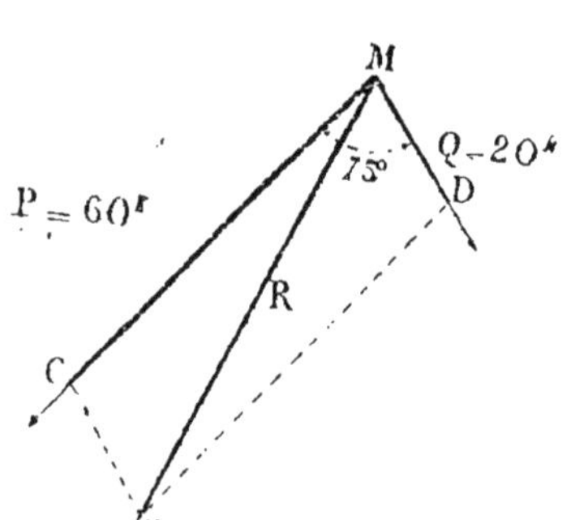

Supposons que le corps décrive MC pendant que la droite MC se trouve transportée d'un mouvement commun le long de la droite MD. La loi de Galilée (22)

montre clairement que le mobile parcourra, en vertu de ces deux mouvements simultanés, la ligne MO diagonale du parallélogramme, dont il aurait dans le même temps parcouru séparément les deux côtés.

En effet, supposons sur un bateau qu'un passager parte du point M et marche suivant My. Si pendant qu'il se rend au point B du navire, celui-ci avance d'une

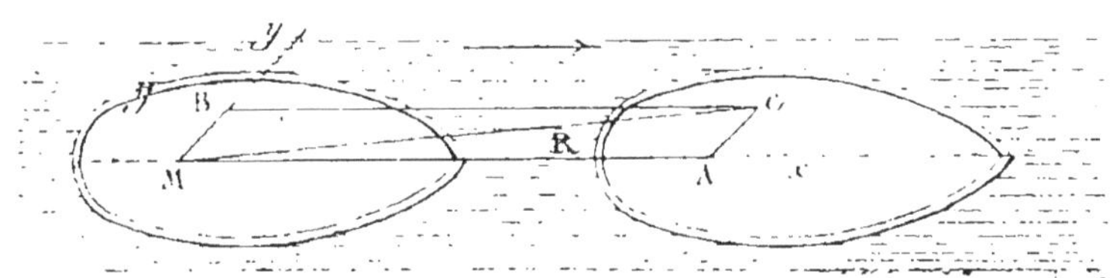

longueur MA, telle que son point B vienne en C, il est évident qu'à cet instant le passager occupera ce même point C, et qu'il aura parcouru successivement les différents points de la ligne MC.

Supposons encore My et Mx, deux règles graduées; un mobile décrit sur My un centimètre par seconde; la règle My glisse parallèlement à elle-même le long de Mx, de façon que le point M s'avance de 3 centimètres par seconde. Nous pouvons construire seconde par seconde le point où serait le mobile; nous trouvons ainsi qu'il s'avance sur la diagonale MR. Il est en I au bout d'une seconde; en C à la deuxième seconde et ainsi de suite.

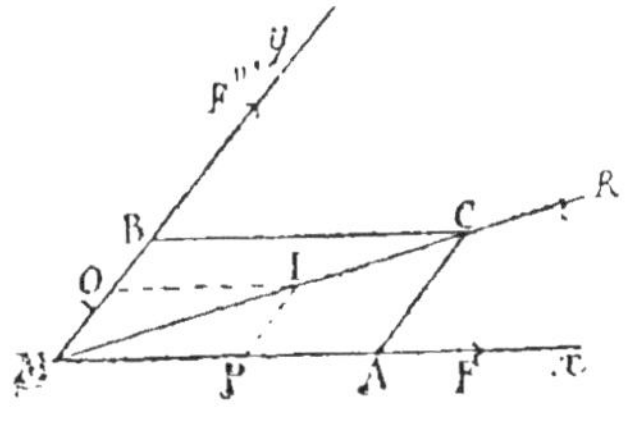

Cette règle fondamentale a été appliquée par Galilée

lui-même à l'étude du mouvement d'un corps lancé obliquement à l'horizon (48).

26. Réciproquement, le mouvement MC peut être décomposé en deux mouvements MB et MA, dont il serait le mouvement résultant. C'est la règle de la décomposition du mouvement.

Exemple : Un corps G descend un plan incliné AB; le mouvement dont il est affecté peut être considéré comme une des composantes GK du mouvement GE résultant de la pesanteur, l'autre composante GH serait perpendiculaire à AB. Le mouvement GE, que prendrait le corps abandonné à lui-même est donc décomposé en deux; l'un GK effectif, qui s'exécute le long de AB; l'autre GH détruit par la résistance du plan.

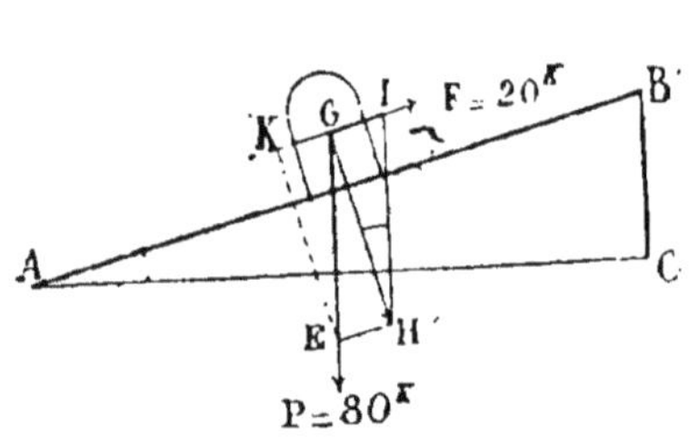

Le mouvement GK est plus lent que le mouvement GE du corps tombant suivant la verticale; la similitude des triangles GKE et ABC donne $\frac{GK}{GE}=\frac{BC}{AB}$,

d'où

$$GK=GE\frac{BC}{AB}.$$

Si, par exemple, AB=4BC, GK devient le quart de GE.

L'espace parcouru pendant une seconde, par exemple, est proportionnel à la pente du plan.

L'emploi répété de la construction géométrique précédente (25) permet de composer en un seul autant de mouvements simples qu'on voudra. Cette détermination géométrique peut être enfin réduite en formules algébriques.

27. La loi de Galilée (22) fournit en outre une des deux règles pour la mesure élémentaire des forces. Elle établit leur constante proportionnalité aux vitesses qu'elles peuvent respectivement imprimer à un même corps.

$$\frac{F}{F'} = \frac{V}{V'}.$$

Supposons d'abord deux forces égales et contraires imprimant au corps B, dans le même temps, les mouvements opposés BF_1 et BF_2.

La loi de Galilée (22) démontre que le point B reste immobile; les deux forces se font équilibre, les deux vitesses égales et contraires se neutralisent.

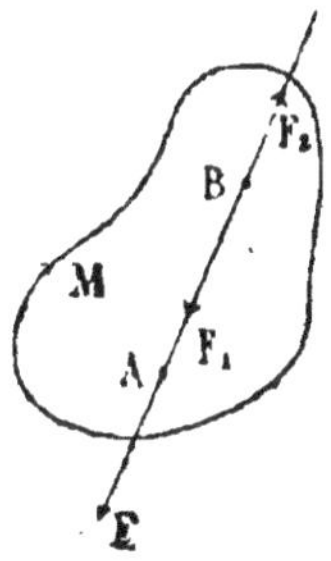

En effet, si B représente une personne se promenant de l'avant à l'arrière d'un bateau, et si cette personne s'éloigne de l'avant juste de la quantité BF_1, égale à BF_2, quantité dont le bateau avance dans le même temps; observée du rivage, cette personne marquera le pas; l'observateur la verra immobile dans une lunette fixe.

Supposons maintenant que les deux mouvements aient le même sens, la force double imprimera au corps une vitesse double et ainsi de suite.

La personne marchant de l'arrière à l'avant s'avance de F_1 en B en une seconde; mais le bateau s'est pendant une seconde avancé de pareille distance; la personne est donc réellement en F_2 au bout d'une seconde, F_1F_2 étant double de BF_1.

Supposons, au lieu du marcheur, une bille qui sur le pont reçoit une vitesse F_1B d'une impulsion F. Puisque le bateau a la même vitesse $BF_2 = BF_1$, on peut considérer tous ses points comme sollicités par des impulsions équivalentes, et la bille comme mise en mouvement par une nouvelle force F, lui donnant la même vitesse que la première. La bille peut donc être regardée comme s'avançant sous l'action d'une force double 2F; or sa vitesse est F_1F_2 double de F_1B; donc, la force double imprime au corps une vitesse double et ainsi de suite.

28. Une droite AB représente donc non-seulement la direction du mouvement rectiligne imprimé à un corps par une force instantanée F (21), mais en outre sa longueur AB mesure l'espace parcouru pendant l'unité de temps ou la vitesse; une droite double est l'image d'une force double et ainsi de suite. La longueur AB mesure donc l'intensité de la force F.

Les forces instantanées qui agissent sur un même corps seront représentées désormais par des droites, dont les longueurs mesureront les intensités respectives de ces forces instantanées.

III

29. La vraie notion de la troisième loi fondamentale du mouvement est due à Newton. Elle consiste en ce que, dans toute relation mécanique de deux corps quelconques, la réaction est égale et contraire à l'action.

L'expérience journalière constate que toutes les fois qu'on agit sur un corps, il y a réaction de la part de celui-ci; frappons un coup, nous éprouvons un contre-coup égal au coup que nous avons frappé.

Lorsqu'un obstacle retient un corps et l'empêche de céder à l'action d'une force qui le tire ou le pousse, on dit que l'obstacle réagit sur ce corps. Un objet posé sur une table la presse en vertu de son poids, mais ne tombe pas : la table réagit sur cet objet qu'elle supporte. Cette réaction équivaut à l'effet d'une force de bas en haut égale au poids de l'objet. Tout obstacle en réagissant éprouve une certaine *fatigue* mesurée, comme sa réaction, par l'action même qu'il contre-balance. Si la table est trop chargée, elle plie, se déforme, et même est finalement entraînée avec le corps qu'elle n'a pu retenir.

Les expériences du choc de deux billes égales (33) manifestent clairement que la réaction est égale et contraire à l'action.

Deux billes M et M' de même matière et de mêmes dimensions se meuvent sur une tringle qui les traverse. Lançons la première M' avec une certaine vitesse, puis la seconde M avec une vitesse supérieure. La bille M atteint la bille M′, la heurte et, après le choc, les deux billes cheminent après avoir échangé leurs vitesses; la bille M a perdu ce qu'elle a ajouté à la vitesse de la bille M′; elle a exercé une action et a subi une réaction égale et contraire.

Supposons la bille M′ arrêtée en un certain point; lançons la bille M sur elle; après le choc, la bille M s'arrête tandis que l'autre bille M′, qui était immobile, s'élance avec la vitesse de la bille M. L'action exercée par M sur M′ lance cette dernière, mais suscite une réaction égale et contraire qui arrête la bille M.

30. Pour bien saisir ce grand principe, il faut compléter la règle précédente sur la mesure des forces (27); il faut introduire la notion nouvelle de *Masse*.

Tant que nous avons considéré des forces agissant successivement et séparément sur un même corps, leur intensité était suffisamment mesurée par la vitesse plus ou moins grande qu'elles pouvaient imprimer au mobile à chaque instant :

$$\frac{F}{F'} = \frac{V}{V'}. \qquad (1)$$

Mais supposons une même force instantanée appliquée à deux corps distincts; si cette force leur imprime un même mouvement, nous dirons que ces deux corps ont la même *masse*, quelle que soit leur substance. Concevons deux masses égales placées à côté l'une de l'autre. Si deux forces égales les sollicitent respectivement, elles s'avanceront en demeurant toujours adjacentes. Les réunir par la pensée ne changerait donc rien à l'effet produit; mais alors elles constitueront une masse double soumise à une force double. Donc, pour imprimer un mouvement donné, il faut à une masse double une force double; il faudrait à une masse triple une force triple. Et, en général, les masses des divers corps sont proportionnelles aux forces nécessaires pour leur imprimer le même mouvement :

$$\frac{F}{F'} = \frac{M}{M'}. \qquad (2)$$

Tous les phénomènes relatifs à la communication du mouvement par le choc ont constamment confirmé cette nouvelle proportionnalité (31).

On déduit facilement des égalités (1) et (2) la proportionnalité des forces aux produits des masses et des vitesses.

Soit en effet deux forces F et φ imprimant à une même masse M des vitesses V et V' l'égalité (1) donne :

$$\frac{F}{\varphi} = \frac{V}{V'}. \qquad (3)$$

Soit en outre deux forces φ et F' imprimant une même vitesse V' à deux masses M et M' l'égalité (2) donne :

$$\frac{\varphi}{F'} = \frac{M}{M'}. \qquad (4)$$

En multipliant les deux égalités (3) et (4) on a :

$$\frac{F}{F'} = \frac{MV}{M'V'}.$$

Chaque force instantanée est donc mesurée par le produit de la masse et de la vitesse correspondantes.

La loi de Newton consiste alors en ce que ce produit a la même valeur envers les deux masses qui agissent l'une sur l'autre, en considérant les vitesses que l'une gagne et que l'autre perd dans un tel conflit mécanique.

31. Ce sont les nombreux phénomènes du choc qui ont suggéré la loi de Newton (29). Nous allons voir comment ils en fournissent la vérification directe.

Supposons d'abord deux mobiles entièrement dépourvus de ressort ou d'élasticité; soit x la vitesse commune après le choc; d'après la loi de Newton, l'action est égale à la réaction. Or l'action du mobile M qui rencontre le mobile M′ est $M(V-x)$ produit de sa masse M par la vitesse qu'il perd $V-x$ après la rencontre; la réaction du mobile M′ est $M'(x-V')$ produit de sa masse M′ par la vitesse qu'il gagne $x-V'$; donc ces produits qui mesurent (30) l'action et la réaction doivent être égaux, d'où l'équation :

$$M(V-x)=M'(x-V');$$

d'où

$$x=\frac{MV+M'V'}{M+M'}; \qquad (1)$$

l'expérience confirme la valeur de cette vitesse commune après le choc.

Supposons les masses égales, $M=M'$ la formule (1) devient :

$$x=\frac{V+V'}{2};$$

la vitesse commune est la moyenne des deux vitesses comme le prouve l'expérience directe.

Enfin, supposons $M = M'$ et $V' = 0$ la formule (1) devient :

$$x = \frac{V}{2}.$$

La masse M animée de la vitesse V rencontre une masse égale M′ immobile, les deux mobiles formant une masse double partent avec une vitesse moitié moindre; confirmation de la proportionnalité des forces aux masses (30), puisqu'il faudrait une force double pour conserver aux deux masses égales réunies la vitesse V que la première avait avant la rencontre.

32. Supposons en second lieu les deux mobiles parfaitement élastiques. Le choc présente deux périodes : la première de compression mutuelle, la seconde de réaction propre, où l'élasticité restitue en sens contraire une vitesse égale à celle que la première fit perdre.

Soit y la vitesse après le choc du mobile M; elle est égale à la vitesse commune x des deux mobiles supposés dépourvus de tout ressort (31) moins la vitesse perdue $(V - x)$ restituée par l'élasticité.

$$y = x - (V - x) = 2x - V;$$

or, d'après (31)

$$x = \frac{MV + M'V'}{M + M'};$$

donc

$$y = \frac{2MV + 2M'V' - MV - M'V'}{M + M'} = \frac{MV + M'(2V' - V)}{M + M'}. \quad (2)$$

Soit z la vitesse après le choc du mobile M'; elle est égale à la vitesse commune x des deux mobiles supposés non élastiques plus la vitesse gagnée $x - V'$:

$$z = x + (x - V') = 2x - V',$$

$$z = \frac{M'V' + M(2V - V')}{M + M'}. \qquad (3)$$

33. Etudions le cas remarquable où les deux corps ont la même masse.

Soit $M = M'$, les formules (2) et (3) deviennent :

$$x = V', \qquad y = V.$$

Après le choc, les deux corps échangent leurs vitesses respectives, comme le vérifie l'expérience.

Supposons, en outre de l'égalité des masses, que le mobile M' soit immobile,

Soit $M = M'$ et $V' = 0$, les formules (2) et (3) deviennent :

$$x = 0, \qquad y = V;$$

le mobile M devient immobile après le choc, et le mobile M', qui était immobile avant le choc, part avec la vitesse V du premier.

Supposons une série de mobiles de masses égales, en imprimant un choc au premier, le dernier s'élance, les autres restent immobiles.

Cette expérience démontre l'instantanéité du choc et l'exactitude fort approchée de l'hypothèse de la parfaite élasticité.

Un train est au repos ; on détache le dernier wagon W ;

une locomotive pousse le premier wagon A, le wagon W seul s'élance sur la voie.

34. Toutes les objections apparentes que certains phénomènes semblent offrir à la loi de Newton (29) se rapportent ou à une fausse appréciation, qui n'aurait égard qu'aux vitesses, ou à des cas d'inégalité excessive entre les masses considérées dont l'une peut ainsi n'acquérir aucun mouvement appréciable, tandis que l'autre perd presque tout le sien.

35. Les trois lois fondamentales du mouvement comportent des vérifications directes. Nous avons signalé les principales observations et les expériences les plus décisives qui vérifient chacune d'elles; mais leur ensemble est susceptible de vérifications plus variées et plus étendues; quoique indirectes, elles n'en sont pas moins décisives; elles établissent l'accord effectif des phénomènes observés avec les conséquences plus ou moins éloignées, mais toujours rigoureuses, qu'a tirées la théorie mathématique du mouvement et de l'équilibre de ces trois grandes lois naturelles.

Prenons un exemple : les modernes ont déduit de la loi de Galilée (22) la règle de la composition des forces (37) : cette règle fondamentale leur a fourni les conditions d'équilibre d'un corps (40), et comme cas particulier les conditions d'équilibre du levier (42). Cette déduction facile avait été découverte directement, dix-huit siècles auparavant, par Archimède, et vérifiée depuis lui par l'expérience universelle.

Enfin rappelons le cas mémorable de la gravitation. Newton en a déduit la loi de l'ensemble des théories mécaniques basées sur ces trois faits observés qui ont constitué les trois lois naturelles du mouvement (15, 22, 29). L'observation du ciel vérifie journellement cette déduction lointaine mais rigoureuse du fondateur de la mécanique céleste.

TROISIÈME PARTIE

EXAMEN DES PRINCIPAUX RÉSULTATS DE LA MÉCANIQUE

§ 1. — STATIQUE.

I

36. La statique (I) recherche les conditions de l'équilibre, c'est-à-dire quelles doivent être les relations des forces pour que le système auquel elle sont appliquées demeure en repos. On fait abstraction du temps puisqu'on considère les forces comme agissant à un instant déterminé et nullement pendant les périodes successives de leur action; donc toutes les forces seront étudiées en statique comme étant des forces instantanées (14), et par conséquent, comme produisant naturellement des mouvements rectilignes et uniformes (16); elles seront toutes représentées par des lignes droites (21), et mesurées par les longueurs respectives de ces droites (28), car nous les supposons appliquées à un même corps ou système homogène.

Supposons des forces Q, S, T appliquées à un corps. Si on savait substituer à ces trois forces, une seule force R équivalente, c'est-à-dire imprimant au corps le même mouvement que lui imprimeraient les trois forces Q, S, T, agissant simultanément; il suffirait pour l'équilibre du corps, d'y appliquer une force P égale et contraire à R. Car ces deux forces se neutraliseraient (11) et le corps serait en équilibre.

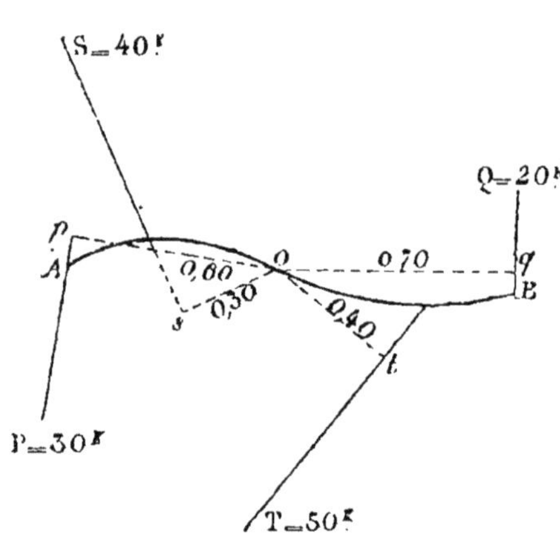

La recherche des lois de la composition et de la décomposition des forces est donc la base de l'étude de l'équilibre.

37. Or, cette composition et cette décomposition résulte de la règle précédente sur la composition des mouvements (25). Elle porte en statique le nom de *parallélogramme des forces*.

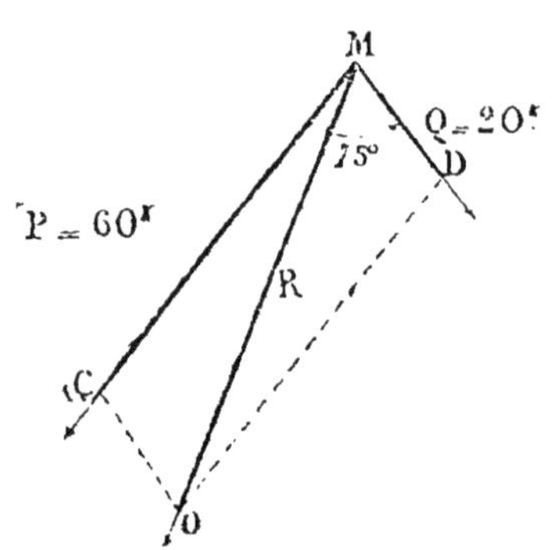

En effet, supposons deux forces P et Q appliquées au point M. La force P agissant seule imprimerait au point M le mouvement MC, c'est-à-dire lui ferait décrire la longueur MC dans l'unité de temps. De même, la force Q seule donnerait au point M la vitesse MD. Agissant simultanément, les deux forces imprimeraient au point M la direction MO ; sous leur action combinée, le mobile M décrirait la longueur MO dans l'unité de temps. Cette longueur MO représente donc la force résultante de P et Q. Ainsi aux deux forces P et Q on peut toujours substituer la force R diagonale du parallélogramme construit sur leurs longueurs, puisque cette force unique imprimerait au mobile le même mouvement qu'il recevrait de l'action simultanée des deux autres.

Réciproquement on peut toujours remplacer une force quelconque MO appliquée au point M par deux autres forces MC et MD, telles que MO soit la diagonale du parallélogramme construit sur MC et MD.

Voyons maintenant comment une simple construction géométrique détermine la résultante de tant de forces qu'on voudra.

Le point O est sollicité par quatre forces P,Q,S,T. Les deux forces Q et S se composent en une seule OC leur résultante; cette force OC, qui peut être substituée aux deux forces OQ et OS, se compose avec la force OT de la même façon ; les deux forces OC et OT ont pour résultante OD ; OD et OP se composent en OE qui est la résultante des quatre forces considérées. Pour l'obtenir, il suffit de mener par le point Q, une ligne CQ parallèle et égale à

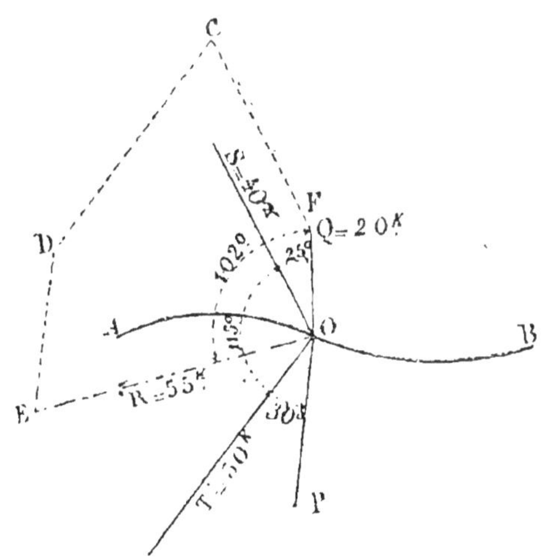

OS, puis par le point C, une droite CD parallèle et égale à OT, enfin par le point D une parallèle égale à OP. En joignant les points O et E on a OE qui est la résultante cherchée.

Tels sont les principes élémentaires sur lesquels Varignon put construire la théorie générale de l'équilibre d'un système de forces appliquées en un même point.

38. Supposons deux forces de directions parallèles, et recherchons leur résultante.

Remarquons d'abord avec d'Alembert qu'étant donné un ensemble de forces agissant sur un système de points, si on introduit des forces qui se font équilibre, rien n'est changé dans l'état du premier système.

Appliquons ensuite comme lui, ce principe au cas de deux forces parallèles.

AD et BH sont parallèles et agissent aux points A et B. Appliquons en A, une force AE égale à BH et agissant dans la direction de la droite AB; et au point B, une force BG égale et contraire. Ces deux forces se neutralisent (11) en supposant A et B liés d'une façon invariable : rien n'est changé au système, actuellement soumis à l'action des quatre forces AD, AE, BH et BG.

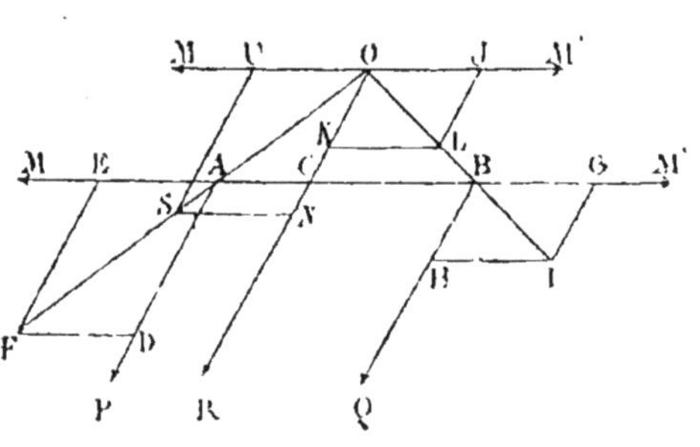

Or AD et AE se composent en une seule AF qui est leur résultante (37). De même BH et BG peuvent être remplacés par BI. Les deux résultantes AF et BI se rencontrent en un certain point O. Transportons l'une et l'autre en ce point et là décomposons chacune en ses premières composantes (37). AF devenu OS se décompose en OU et ON; BI devenu OL se décompose en OJ et OK. Or OU et OJ se font équilibre, restent OK et ON agissant dans la même direction et se composant en une seule force égale à leur somme, et parallèle aux deux premières AD et BH.

Les triangles OSN et OAC étant semblables, le théorème de Thalès donne :

$$\frac{OC}{AC} = \frac{ON}{SN} = \frac{AD}{BH}.$$

Les triangles OKL et OBC étant égalcment semblables, on a de même

$$\frac{OC}{CB} = \frac{OK}{KL}$$

d'où OC = BC, donc :

$$\frac{BC}{AC} = \frac{AD}{BH}.$$

La résultante de deux forces parallèles et de même sens leur est parallèle; elle agit dans le même sens et est égale à leur somme ; sa direction détermine sur une sécante AB des segments qui sont inversement proportionnels aux composantes.

Enfin pour compléter la règle de la composition des forces, il faut considérer le cas de deux forces parallèles et de sens contraire.

Supposons deux forces AP et BS parallèles et de sens contraire.

Décomposons d'après la règle précédente BS en deux forces parallèles et de même sens, dont l'une soit appliquée en A et égale à AP, et l'autre soit ON.

La force BS sera la résultante des forces ON et AP', égale et opposée à AP; ON étant égale à BS-AP, et le point O étant choisi tel que $\frac{AB}{BO} = \frac{ON}{AP}$.

En substituant à la force BS ses deux composantes équivalentes AP' et ON, on ne trouble pas l'équilibre; or AP et AP' se neutralisent (11) et ON reste seule. ON est donc la résultante cherchée.

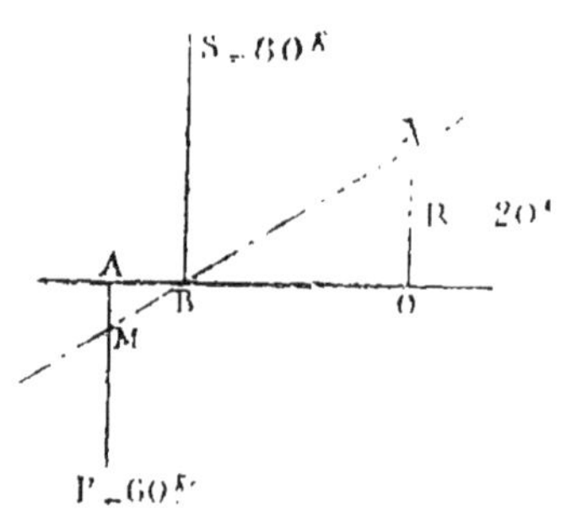

La résultante ON de deux forces parallèles AP et BS de sens contraire leur est parallèle; elle agit dans le sens de la plus grande BS et est égale à leur différence; AO et BO sont inversement proportionnelles aux composantes AP et BS.

Voilà comment d'Alembert a déduit le cas des forces parallèles du cas des forces appliquées au même point. Terminons en examinant le cas de tant de forces parallèles qu'on voudra.

Soit une série de forces parallèles de même sens AP, A'P', A''P'' et ainsi de suite. On les composera deux à deux d'après la règle ci-dessus : elles auront une résultante parallèle à leur direction commune, égale à leur somme et appliquée en un point déterminé par une série de constructions géométriques.

On composera de même la suite des forces parallèles BQ, B'Q', etc., de sens contraire aux premières AP, A'P', etc: Les deux résultantes parallèles et de sens contraire se composeront finalement en une seule force parallèle et égale à leur différence.

Exemples : I Un bœuf et un âne sont attelés à une même pièce AB ; en quel point attacher le char pour qu'il s'avance parallèlement à la marche des deux animaux.

Supposons que le bœuf attelé en A exerce un effort triple de celui de l'âne attelé en B.

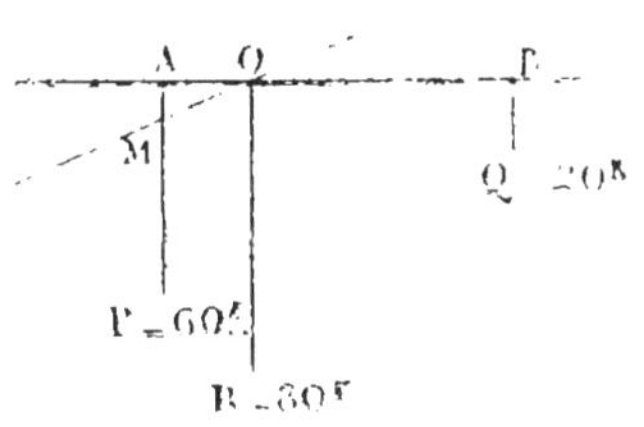

D'après la règle de la composition de deux forces parallèles et de même sens, la résultante de ces deux efforts sera appliquée en un point O tel que OB = 3AO.

En fixant la flèche du char au point O, le véhicule s'avancera suivant OR sous l'action simultanée des deux animaux.

II. Une poutre reposant par ses extrémités sur deux murs de même niveau supporte en un point O une certaine charge R. On demande comment cette charge se répartit sur les murs d'appui.

Soit AB = 4 mètres, la charge R = 800 kilog. et BO = 1 mètre.

La force R se décompose en deux forces parallèles appliquées l'une en A l'autre en B. D'après la règle de la décomposition d'une force en deux composantes parallèles, les forces appliquées en A et B, dont la somme est égale à R, sont en raison inverse de leur distance au point O. Celle appliquée en B sera 600 k. et celle appliquée en A 200 kil, puisque OA est triple de OB.

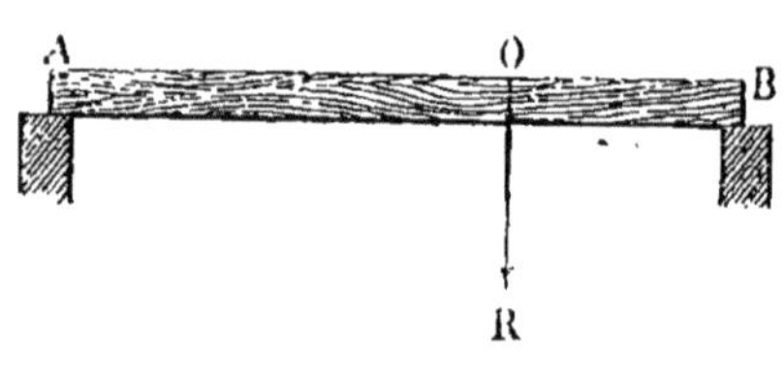

Il va sans dire qu'aux pressions calculées ci-dessus s'ajouterait pour chaque mur la moitié du poids propre de la poutre.

39. La ligne droite, d'après la loi de Képler, devient l'image de la force instantanée (21). Or toute force continue pouvant être considérée comme une accumulation d'impulsions élémentaires (49), toute translation dès lors peut-être représentée par une suite d'éléments rectilignes formant une courbe.

Mais la rotation, comment la dessiner? comment la représenter géométriquement en direction et en intensité, comme la droite peint un mouvement rectiligne, en direction et en grandeur? Quel est l'élément des rotations comme la ligne droite est l'élément des translations ?

Poinsot appelle *couple* l'ensemble de deux forces égales parallèles et contraires, mais non appliquées au même point.

L'effort d'un couple ne peut être comparé d'aucune manière à une simple force ; c'est une nouvelle cause de mouvement.

Si on suppose fixe le point O, milieu de AB, l'effet du

couple est visiblement de faire tourner le corps autour du milieu de son bras de levier AB, dans le sens de la flèche. C'est l'image d'un manége mis en mouvement par deux chevaux d'égale force.

Les couples sont de sens divers. Le couple FAB tournerait de droite à gauche, le couple F'CD, de gauche à droite, en sens inverse.

L'effet d'un couple, sous le rapport de la direction dépend seulement de la direction de son plan et nulle-

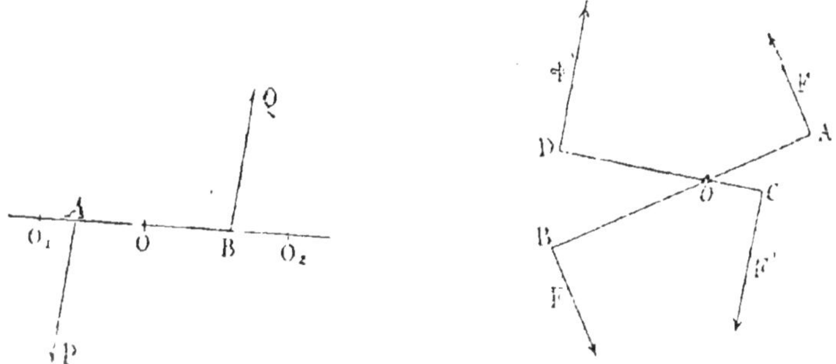

ment de la position de ce plan, ni de celle du couple dans le plan.

L'effet d'un couple, quant à l'intensité, ne depend proprement ni de la valeur de chacune des deux forces égales qui le composent, ni du bras de levier sur lequel elles agissent, mais uniquement du produit de cette force par cette distance, que Poinsot a nommé *moment* du couple.

Les deux couples FAB et F'CD, si F = F' et AB = CD se détruisent comme égaux et de sens contraire; de même que deux forces égales et de sens contraire se neutralisent (II).

Les deux couples FAB et F'CD, tels que F × AB = F' × CD sont équivalents comme ayant même *moment*.

Les couples d'énergie et de sens divers se composent et se décomposent comme les forces, suivant des règles aussi simples que les précédentes (37).

40. Pour qu'un corps sollicité par tant de forces qu'on voudra soit en équilibre, il faut que toutes ces forces et que tous les couples qu'elles produisent en se transportant en un même point se neutralisent; car une force ne peut faire équilibre à un couple. Il faut que toute translation cesse et que toute rotation soit détruite.

Exemple : Supposons un corps AB sollicité par quatre forces P, Q, S, T appliquées en A, B, C, D.

Prenons à notre choix un point O du corps.

Appliquons en O deux forces égales à AP et contraires l'une par rapport à l'autre; l'équilibre ne saurait être rompu, puisque ces deux forces se neutralisent (11). De même, en appliquant en O deux forces égales et contraires à BQ, et deux forces égales et contraires à T et S.

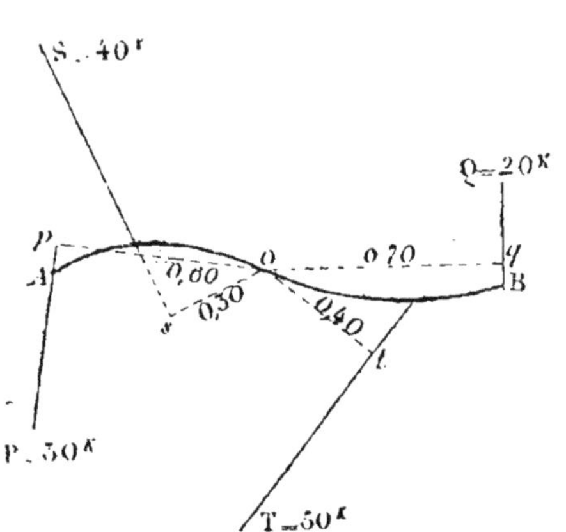

Par suite, le corps considéré se trouve sollicité par quatre forces appliquées au point O, et par quatre couples AP. *op*, BQ. O*q*, T. *ot* et S. *os*. Ces quatre couples sont de sens divers; P. *op* et Q. *oq* tendraient à faire tourner le corps de droite à gauche, les deux autres de gauche à droite.

Pour que le corps considéré soit en équilibre, il faut donc que les forces appliquées au point O aient une résultante nulle, et que les quatre couples se neutralisent.

41. Quand nous passons de la théorie à la pratique, quand nous substituons les corps réels aux mobiles subjectifs (13) qui ont servi à établir les lois abstraites du mouvement et de l'équilibre, les conditions d'équilibre se simplifient; car l'équilibre d'un corps exige un point fixe, un axe fixe ou un plan fixe. Le point O est alors choisi parce qu'il est fixe ou parce qu'il est situé sur l'axe fixe. Toutes les forces transportées parallèlement à elles-mêmes au point O, s'y trouvent neutralisées par la résistance de ce point fixe.

Les conditions de l'équilibre se bornent aux couples.

Soit un corps tournant autour du point O, son centre de gravité (58). Soient P et Q deux poids suspendus aux points A et B.

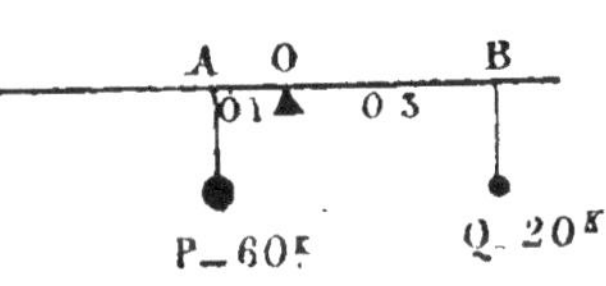

Comme ci-dessus (40), appliquons en O deux forces égales et contraires P et P′, puis deux autres Q et Q′. Les deux forces P et Q appliquées en O sont détruites par le point fixe O. Il reste les deux couples P. AO et Q. BO de sens contraires. Pour qu'ils soient équivalents et se neutralisent, il faut que leurs *moments* soient égaux (39); il faut donc que

$$P.\,AO = Q.\,BO,$$

$$\frac{P}{Q} = \frac{BO}{AO}.$$

c'est-à-dire que les deux poids P et Q soient en raison inverse de leurs distances AO et BO au point fixe O.

C'est le cas de la *Romaine*.

42. C'est en général la condition d'équilibre de deux poids appliqués en deux points d'un corps tournant autour d'un point fixe. On la déduit facilement (41) comme un cas particulier et simple de la théorie de l'équilibre (40).

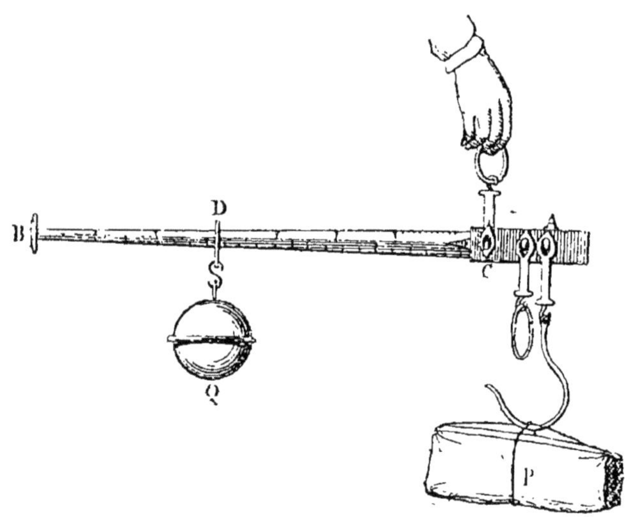

Ce principe du levier est dû à Archimède (7), qui l'a établi directement et par induction, d'après des considérations relatives au centre de gravité d'un système.

Le grand géomètre démontre que lorsque les poids P et Q sont en raison inverse des distances AO et BO :

$$\frac{P}{Q} = \frac{BO}{AO};$$

le point O est le centre de gravité du système; si donc ce point est supposé fixe, le système est en équilibre.

Ce principe, découvert par un effort de génie, a servi de point de départ et de base à toutes les spéculations statiques jusqu'à la conception des forces et à leur composition dues à Varignon. On a tiré de ce principe du levier une théorie complète de l'équilibre des machines simples.

Le levier est connu de temps immémorial.

Lorsque les deux forces agissent en des points situés de part et d'autre du point fixe, c'est le levier du premier genre.

La barre droite ou levier est engagée sous un bloc pesant; on appuie cette barre par le point O' sur un corps résistant et l'on pèse sur l'extrémité B.

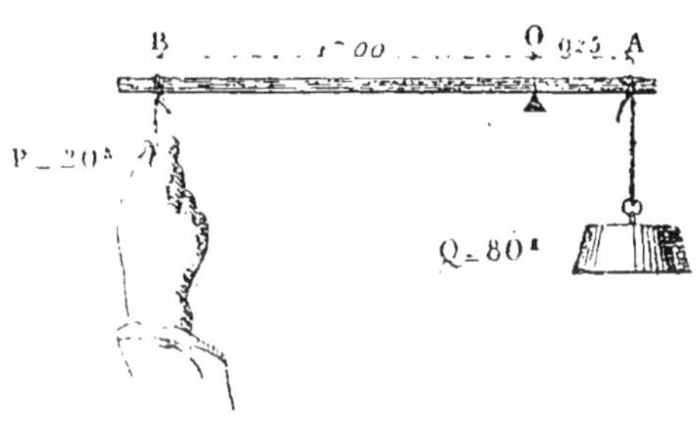

Si la barre est coudée, le coude O est appuyé à terre; A soulève le bloc quand B s'abaisse sous l'effort de l'ouvrier.

La balance ordinaire et la Romaine 41) sont des leviers du premier genre, comme aussi une paire de ciseaux.

Lorsque les deux forces agissent du même côté du point fixe, si la plus grande est la plus rapprochée de ce point, c'est le levier du second genre.

L'ouvrier relève le point A en le poussant. Le bloc pèse en B sur le levier qui repose en O sur le sol.

Le casse-noisette en forme de pince, le couteau du boulanger, sont des leviers du second genre.

La brouette, dont l'invention est attribuée à Pascal, est également un levier du second genre. Le point d'appui O est sur le sol où porte la roulette; le poids du fardeau B tend à ramener la brouette à terre; l'effort musculaire en A la maintient soulevée.

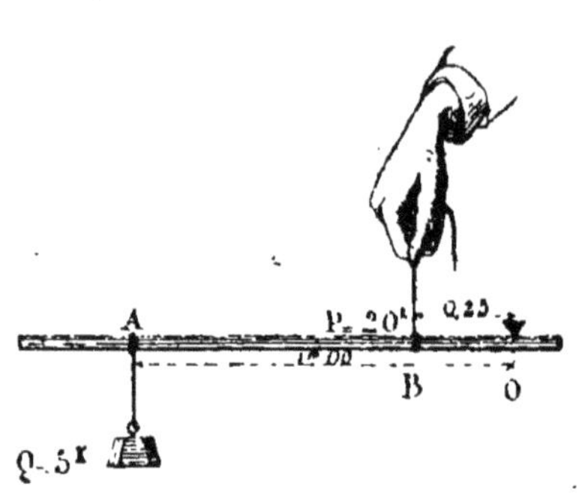

Enfin, si l'effort vertical BP est le plus près du point fixe O, c'est le levier du troisième genre. C'est le cas lorsque la main soutient un objet à bras tendu. L'épaule est le point fixe O, l'objet pesant est la force AQ; la puissance des muscles maintient l'équilibre en le concentrant entre la main et l'épaule.

Les pincettes nous donnent l'exemple d'un levier de ce genre.

§ 2. — DYNAMIQUE.

I

Mouvements de translation.

43. L'ensemble des trois lois naturelles du mouvement suffit pour fournir une base réelle à la solution de tous les problèmes de la mécanique. La première (15) détermine l'action propre d'une force unique, la seconde (22) règle la combinaison mutuelle de plusieurs forces

simultanées, et la troisième (29) régit tout ce qui concerne la modification réciproque des mouvements liés.

Il faut distinguer entre les forces instantanées et les forces continues (14) ; les premières cessant d'agir aussitôt que le mobile est lancé, produisent des mouvements rectilignes et uniformes (16) ; les autres ne cessant jamais de le solliciter peu à peu pendant tout le temps de sa course, déterminent nécessairement des mouvements variés.

44. La loi de Képler (15) établit l'équation du mouvement rectiligne uniforme. Toute force instantanée agissant sur un mobile lui fait parcourir une ligne droite ; le chemin parcouru dans un temps double est double et ainsi de suite.

Soit e le chemin, v la vitesse, c'est-à-dire la longueur parcourue pendant l'unité de temps, t le temps,

$$e = vt. \quad (1)$$

Dans le mouvement rectiligne et uniforme, l'espace parcouru est égal à la vitesse multipliée par le temps.

De l'équation (1) on tire à volonté l'une des quantités e, v, t, connaissant les deux autres.

EXEMPLES : I. La vitesse étant de 200 mètres par minute, quel sera le chemin parcouru au bout de 6 heures 15 minutes. ?

Réduisons d'abord 6 heures 15 minutes en minutes soit 375. Alors, d'après l'équation (1) l'espace parcouru exprimé en mètres est égal à la vitesse donnée, 200 multipliée par 375, nombre de minutes qui exprime la durée du parcours :

$$e = 200 \times 375 = 75{,}000,$$

le chemin décrit est donc de 75,000 mètres ou 75 kilomètres.

II. La détonation d'un canon est perçue trois secondes et demie après le jet de lumière qui d'ordinaire la précède. A quelle distance est-on de la bouche à feu, en admettant que le son se propage avec une vitesse de 320 mètres par seconde?

En négligeant, comme inappréciable, le temps mis par la lumière à franchir le même espace, on trouvera d'après la formule (1)

$$e = 320 \times 3,50 = 1120.$$

La distance est 1120 mètres ou bien 1 kilomètre 120 mètres.

45. Le mouvement rectiligne uniforme qui représente théoriquement l'action d'une force instantanée, résulte dans les machines de l'action des forces motrices équilibrée par les résistances : les unes favorables à l'accélération du mouvement, les autres agissant de manière à le retarder, se détruisent entre elles.

Au départ d'une station, le mouvement d'un train de chemin de fer, très-lent d'abord, s'accélère de plus en plus; puis en pleine route, il devient sensiblement uniforme; à l'arrivée enfin, il se retarde et se ralentit jusqu'à cesser d'être. Un voyageur qui observerait attentivement les intervalles de temps auxquels lui apparaissent les poteaux du télégraphe ou les bornes kilométriques de la voie, se rendrait parfaitement compte des diverses phases du mouvement du train.

Pour qu'un cheval traînant une voiture, lui imprime

un mouvement uniforme (44), il faut qu'il détruise constamment l'ensemble des résistances en leur faisant équilibre. Dès que l'équilibre est rompu, le mouvement s'accélère ou se ralentit, il cesse donc d'être uniforme. Il suit de là que l'étude de l'équilibre, objet propre de la statique, trouve une application immédiate dans les machines à l'état de mouvement uniforme.

46. Tout mouvement produit par une force continue est varié. Parmi tous ces mouvements, il en est un qui a été étudié le premier, c'est celui déterminé par la pesanteur.

Aristote observant la chûte d'un corps pesant, avait remarqué l'accélération; il avait constaté que le corps tombait plus vite vers la fin qu'au début.

Galilée alla plus loin; il observa les espaces parcourus pendant les secondes successives et découvrit la loi de leur variation.

O
A
B
R
x

Ces espaces sont comme les nombres impairs.

Si pendant la première seconde le corps pesant qui tombe décrit l'espace OA, durant la deuxième seconde il décrira AB triple de OA, durant la troisième seconde B*x* quintuple de OA, et ainsi de suite.

L'accélération du mouvement ou la vitesse est :

Au bout d'une seconde.	2*o*A
Au bout de deux secondes.	4*o*A
Au bout de trois secondes.	6*o*A

; ainsi de suite.

Nous avons donc :

$$v = 2oA \times t = at \qquad (1)$$

la vitesse croit proportionnellement au temps. a est le double de l'espace oA parcouru pendant la première seconde; à Paris, ce nombre est :

$$a = 9^{m},8088\ldots.$$

L'espace parcouru depuis le début de la chûte est :

Après 1″	oA ou	$1/2\, a \times 1$	$1/2\, a \times 1^2$
Après 2″	oB ou	$1/2\, a \times 4$	$1/2\, a \times 2^2$
Après 3″	ox ou	$1/2\, a \times 9$	$1/2\, a \times 3^2$
Après 4″	oy ou	$1/2\, a \times 16$	$1/2\, a \times 4^2$

Nous avons donc

$$e = 1/2\, at^2 \qquad (2)$$

l'espace parcouru croit comme le carré du temps.

Dans le mouvement rectiligne et uniformément accéléré, la vitesse est proportionnelle au temps ; les espaces parcourus sont proportionnels aux carrés des temps employés à les parcourir.

On appelle *accélération du mouvement*, la quantité a dont s'accroît la vitesse à chaque unité de temps.

Problèmes : I. On laisse tomber une pierre dans un puits; 3 secondes s'écoulent entre l'instant où on l'abandonne à elle-même et celui où se perçoit le bruit accusant qu'elle a gagné le fond. Déterminer la profondeur du puits, en tenant compte du temps qu'a dû employer le son pour se propager du fond à l'orifice.

La vitesse du son est d'environ 320 mètres par seconde.

Soit x la profondeur inconnue du puits. Le temps employé par un corps pour tomber d'une hauteur x est tiré de l'équation

$$e = 1/2\, at^2 \qquad (2)$$

dans laquelle nous remplaçons e par x,

$$t = \sqrt{\frac{2x}{a}},$$

d'autre part, ce temps mis par le son à parcourir le même espace est

$$\frac{x}{320}.$$

Or, le temps employé par le corps pour tomber de la hauteur x, augmenté du temps mis par le son pour parcourir ensuite le même espace x, donne 3 secondes, d'où l'équation

$$\sqrt{\frac{2x}{a}} + \frac{x}{320} = 3,$$

$$x = 41^{m},2.$$

On ne peut attendre une grande précision. Une erreur a pu être commise dans l'appréciation du temps écoulé entre l'abandon de la pierre et la perception du bruit; et ce temps est si court que cette erreur, même légère, aurait nécessairement une valeur relative notable; la vitesse du son n'est qu'approximative ; enfin on néglige totalement l'effet de la résistance de l'air. Tout ce qu'on pourrait conclure d'une semblable observation, si elle était faite, c'est que la profondeur du puits est d'environ 41 mètres.

II. Deux corps pesants partent d'un même point O à une seconde d'intervalle, on demande à quel moment ils seront séparés l'un de l'autre de $24^m,50$ et quels chemins ils auront alors parcourus.

O A B R x

Au bout de t secondes le corps abandonné le premier à lui-même atteint un certain point B; l'autre, qui n'est en mouvement que depuis $t-1$ seconde, se trouve en un point A et l'on a d'après l'équation (2)

$$OB = 1/2\, at^2 \qquad OA = 1/2\, a\,(t-1)^2,$$

d'où l'équation :

$$OB - OA = 24^m,50$$
$$1/2\, at^2 - 1/2\, a\,(t-1)^2 = 24^m,50$$
$$t = 3 \text{ secondes à très peu près.}$$

En effet au bout de trois secondes,

Le 1er mobile a parcouru $1/2\, a \times 3^2 = 1/2\, a \times 9$.

Le 2e mobile en chûte depuis deux secondes seulement aura parcouru $1/2\, a \times 2^2 = 1/2\, a \times 4$.

La différence des espaces parcourus est donc

$$1/2\, a \times 5 = 4^m,9 \times 5 = 24^m,50,$$

conformément à l'énoncé.

47. Ce n'est pas en observant directement la chûte d'un corps que Galilée a découvert les lois du mouvement uniformément varié (46); c'est en étudiant le mou-

vement d'un corps pesant glissant le long d'un plan plus ou moins incliné à l'horizon.

Stévin venait de publier sa démonstration relative à l'équilibre de deux poids placés sur deux plans inclinés. Il démontre que les poids P et P′ sont proportionnels aux longueurs AB et AC des deux plans, et cela directement et d'une façon infiniment ingénieuse mais tout à fait étrangère au principe du levier (42), base unique de toutes les spéculations statiques depuis Archimède.

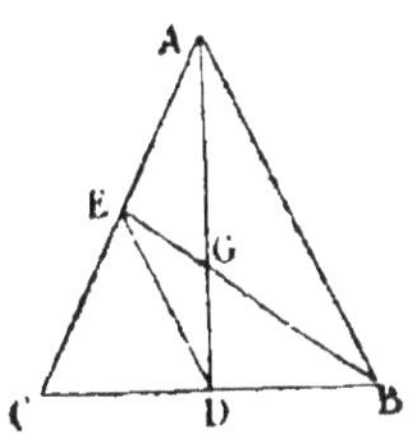

Galilée reprit la proposition de son contemporain Stévin et démontra qu'elle résulte de la théorie du levier.

Soit $AB=8$, $AC=5$, on a $P'=\frac{5}{8}P$.

Plus la pente AC est courte, plus le poids P′ est petit. En passant au cas limite où AC coïncide avec AD, on a

$$\frac{P}{P'}=\frac{AB}{AD}.$$

Si $AB=4AD$, $P'=\frac{1}{4}P$, le poids P′ est le quart du poids P qu'il tient en équilibre.

Cette propriété du plan incliné est connue de toute antiquité : elle a été appliquée pour l'élévation des fardeaux ; elles l'est journellement par les tonneliers pour descendre les fûts dans les caves.

La proposition que Stévin a découverte par induction et qui lui fait le plus grand honneur, se déduit très-facilement du parallélogramme des forces (37), comme nous avons déduit le principe du levier d'Archimède du même théorème (42).

Représentons en effet par GE le poids du corps P (58) appliqué en G, son centre de gravité. Décomposons cette force GE en deux composantes (37), l'une GH perpendiculaire à AB, l'autre GK parallèle à AB. La première GH mesure la pression exercée sur le plan incliné; la deuxième GK tend à faire glisser le corps P le long de AB.

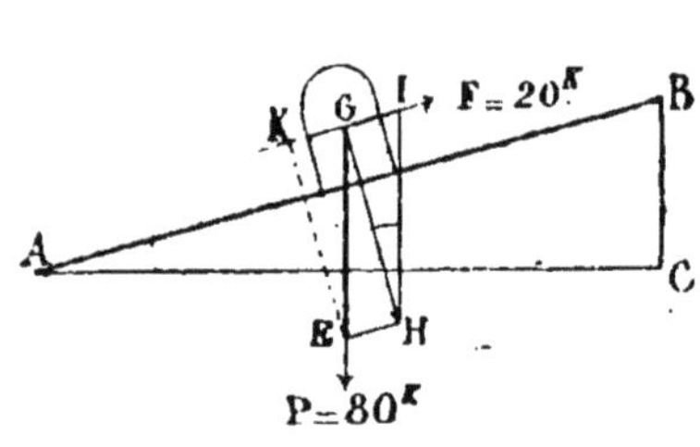

Les deux triangles EGK et ABC sont semblables; donc, d'après le théorème de Thalès,

$$\frac{GK}{GE} = \frac{BC}{AB}; \quad \text{d'où} \quad GK = GE\,\frac{BC}{AB}.$$

Considérons les deux plans inclinés de la figure précédente. Les deux poids qui sont en équilibre sont représentés par les deux composants tangentielles :

$$GK = GK'$$

$$P\,\frac{AD}{AB} = P'\,\frac{AD}{AC},$$

d'où $$\frac{P}{P'} = \frac{AB}{AC} \quad \text{c. q. f. d.}$$

Galilée, après avoir donné au théorème de Stévin une démonstration rigoureuse, passa du cas de l'équilibre au cas d'un corps en mouvement le long d'un plan incliné. Ce mouvement identique à celui du corps tombant verticalement est ralenti (26). Plus AB est grand par rapport à BC, plus lente sera la descente du corps P glissant le long de AB.

Galilée prenait pour mobile une boule de grosseur moyenne en bronze, boule très-lourde sous un petit volume et susceptible du plus beau poli; voulant,

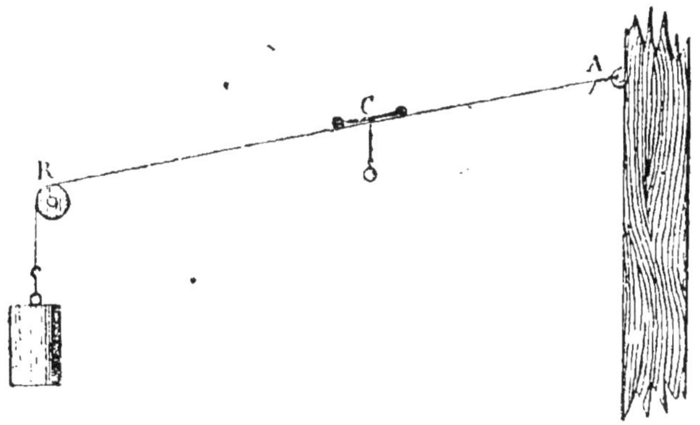

d'autre part, rendre la surface du plan parfaitement lisse, il la tapissait de parchemin qu'il polissait ensuite avec de l'ivoire.

D'autres fois Galilée se servait d'une longue corde tendue en guise de plan incliné, et pour mobile, d'un petit chariot à roulettes très-mobiles.

Galilée appréciait le temps d'après la quantité d'eau écoulée d'un vase nommé clepsydre entre l'instant où il laissait partir la boule ou le chariot et le moment où le mobile atteignait le bas du plan incliné.

Telles furent les mémorables expériences qui ont fourni à ce beau génie la découverte de la loi de la chûte des corps (46). Cette loi des espaces subsistant à mesure que le plan incliné se rapproche de la verticale, une légitime induction l'étendit jusqu'au cas limite où le corps tombe suivant la verticale.

Depuis Galilée, ce cas de la chûte verticale d'un corps a été observé directement, notamment par Newton dans l'église Saint-Paul de Londres.

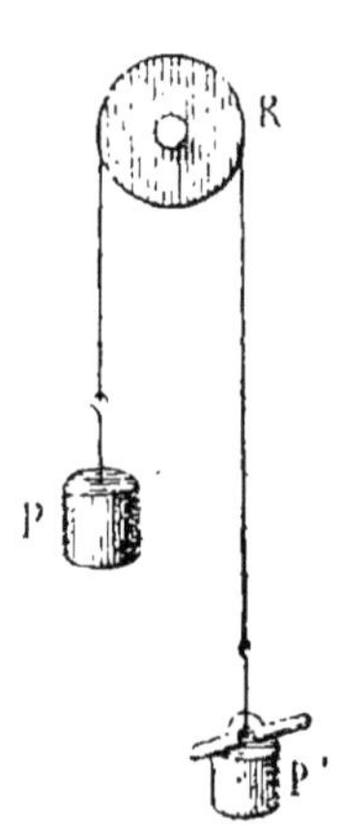

Plus tard, le physicien anglais Atwood imagina une machine qui porte son nom et qui justifie expérimentalement la découverte de Galilée. Voici le principe de cet ingénieux appareil que l'on trouve dans tous les cabinets de physique. Aux deux extrémités d'un fil enroulé sur une poulie très-mobile on suspend des poids égaux P et P', le système demeure en équilibre; mais si l'on place sur l'un d'eux P' une charge additionnelle p, le système entre en mouvement. C'est la chûte du corps p ralentie.

48. Le mouvement rectiligne uniforme et le mouvement uniformément varié constituent deux types, comme en géométrie la ligne droite et le cercle. Leur combinaison a fourni à Galilée la démonstration de la forme curviligne de la trajectoire d'un corps lancé obliquement à l'horizon.

Soit OV la direction suivant laquelle le corps est lancé avec une certaine vitesse V représentée par O1. Provenant d'une impulsion instantanée, le mouvement est uniforme (16). Le corps décrirait O1 pendant la première seconde, $12 = O1$ pendant la deuxième seconde, et ainsi de suite.

D'autre part, si le corps abandonné en O tombait sous l'action de la pesanteur, il décrirait sur la verticale OZ, OI durant la première seconde, HI durant la deuxième seconde, et ainsi de suite, conformément à la loi de la chûte des corps (46).

La loi de la composition des mouvements (25) nous enseigne que le corps sollicité simultanément par les deux forces décrira la diagonale du parallélogramme

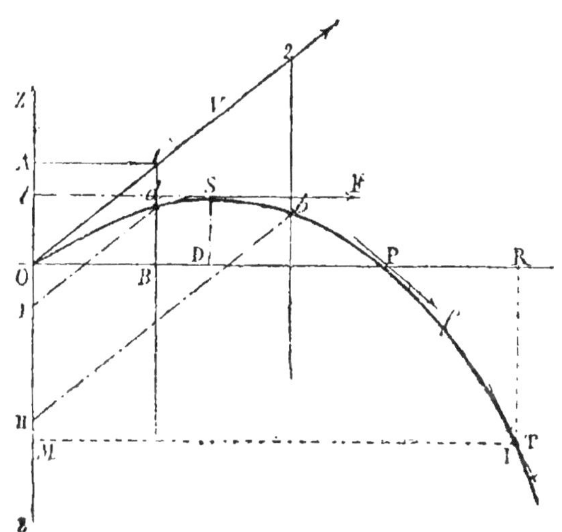

OId_1 et sera au point d au bout d'une seconde, en b au bout de deux secondes, etc. Le corps décrira la trajectoire curviligne OdbP.

Galilée démontra que cette ligne courbe est une parabole. Le projectile lancé s'élève de O en S, puis s'abaisse vers la terre; OP s'appelle la portée, S le sommet.

49. Les difficultés essentielles de la mécanique se rapportent surtout à la théorie des mouvements variés

dûs à des forces continues. On la ramène au cas des forces instantanées par le grand artifice mathématique qui consiste à concevoir tout mouvement varié comme une succession perpétuelle de divers mouvements uniformes dûs à une accumulation indéfinie d'impulsions élémentaires.

II

Mouvements de rotation.

50. Tout mouvement doit être considéré comme composé à la fois de *translation* et de *rotation*.

Une bille de billard présente familièrement les deux mouvements; frappée en un point, elle s'élance en tournant sur elle-même. La toupie offre le même spectacle.

Les planètes de notre monde solaire et notre Terre ont un mouvement de rotation en même temps qu'elles accomplissent leur translation autour du soleil.

L'élément naturel du mouvement de rotation est le couple (39), comme la force instantanée l'est du mouvement de translation (49).

Etudions donc le mouvement élémentaire produit par un couple. Si nous fixons le centre du bras de levier d'un couple, le point A décrira la circonférence A*o* d'un mouvement uniforme; c'est-à-dire que les déplacements angulaires seront égaux pendant des temps égaux.

Le point A passe en B en deux secondes, et de B en D en une seconde; nous avons AB=2BD. Le mouvement de rotation du point A produit par l'action du couple PAB est donc uniforme autour du centre C.

Ce mouvement théorique se réalise dans le cas d'une pierre placée dans une fronde.

Le nombre de tours ou de révolutions qu'exécute le point A durant un certain laps de temps, fait dire communément qu'il tourne plus ou moins vite.

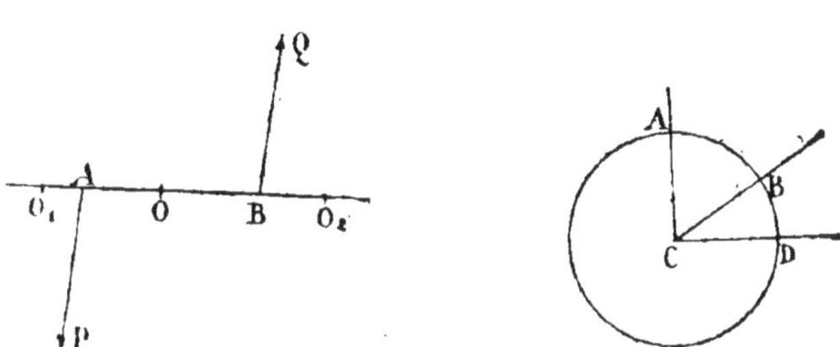

On appelle *vitesse angulaire* d'un mouvement uniforme de rotation, le déplacement angulaire correspondant à un intervalle de temps pris pour unité.

C'est l'angle BCD ou l'arc BD décrit pendant une seconde; c'est quelquefois le nombre de tours décrits en une minute.

La vitesse angulaire est égale au nombre représentant la longueur de la circonférence décrite, divisé par le temps t mis à la décrire.

$$V = \frac{2\pi R}{t},$$

l'espace parcouru sur la circonférence est représenté par le produit de la vitesse par le temps mis à le parcourir,

$$e = Vt.$$

Exemples : I. Un cheval allant au pas fait deux foi par minute le tour d'un manége dont le rayon est d $4^m,30$. Quelle est la vitesse du cheval?

La longueur de la circonférence du manége est 2 $\times$ 4,30 ou 27 mètres. Par suite, en une minute, le cheval décrit 54 mètres; soit, en une seconde, $0^m,90$.

II. Les aiguilles d'une horloge sont superposées; o demande au bout de quel temps elles se rencontreron de nouveau?

La vitesse angulaire de l'aiguille des minutes est d 360° par heure; celle de l'aiguille des heures est de 30 seulement.

Soit x, le temps demandé : l'espace parcouru par la première sera

$$e = 360 \times x.$$

Celui parcouru par la seconde pendant le même temps sera

$$e' = 30 \times x.$$

Or, ces deux espaces diffèrent d'un tour ou de 360°; donc

$$e - e' = 360\,x - 30\,x = 360.$$

d'où

$$x = \frac{36}{33} = 1^h\,5'\,27''\frac{3}{11}.$$

51. Passons du cas d'un point à celui d'un corps animé d'un mouvement de rotation. Observons la meule d'un rémouleur ou la roue d'un moulin.

Un quelconque des points M du corps décrit une circonférence dont le centre C est sur l'axe de rotation OO'. Si la rotation est uniforme, il la parcourra d'un mouvement uniforme. Le chemin parcouru par un point quelconque M en une seconde sera :

$$e = \frac{2\pi MC}{360} \times V.$$

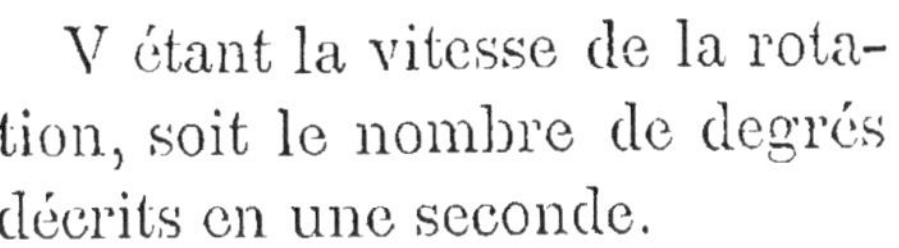

V étant la vitesse de la rotation, soit le nombre de degrés décrits en une seconde.

On peut encore représenter l'espace parcouru en une seconde par

$$e = \frac{2\pi MC}{N}.$$

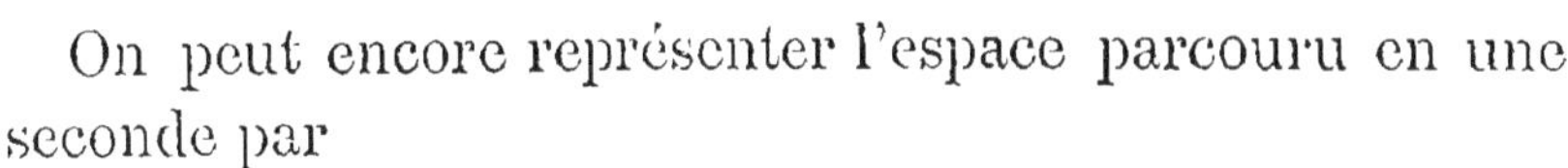

N représentant le nombre de secondes employées à faire un tour.

Les points M, M' du corps animé d'un mouvement de rotation parcourent dans le même temps des arcs qui comprennent le même nombre de degrés ; mais les longueurs de ces arcs sont proportionnelles aux rayons MC, M'C' des circonférences décrites. Par suite, les points d'un corps qui tourne autour d'un axe avec une certaine vitesse angulaire, décrivent pendant le même temps des espaces ou arcs proportionnels à leurs distances à cet axe.

52. Le mouvement de rotation de la Terre autour de la ligne des pôles est uniforme. Sa vitesse angulaire est

de 15° par heure, puisque la révolution diurne s'effectue en 24 heures.

Tous les points de la surface terrestre décrivent donc par heure 15° sur leurs circonférences respectives : à l'équateur, la longueur de l'arc de 15° est de

$$\frac{40,000,000}{24} = 1,666,666^{m}.$$

La longueur de l'arc décrit en une seconde est donc

$$\frac{1666666}{3600} \text{ soit 463 mètres environ.}$$

Cet espace parcouru en une seconde par l'équateur terrestre est presque égal à la vitesse initiale résultée souvent de l'explosion de la poudre à canon.

L'espace parcouru en une seconde à la latitude de Saint-Pétersbourg est moitié moindre. Au pôle, il est nul.

53. A l'extrémité d'un fil OA tenu à la main en O, attachons une pierre et imprimons-lui un mouvement de rotation autour du point O. C'est le cas de la fronde qui est connue de toute antiquité.

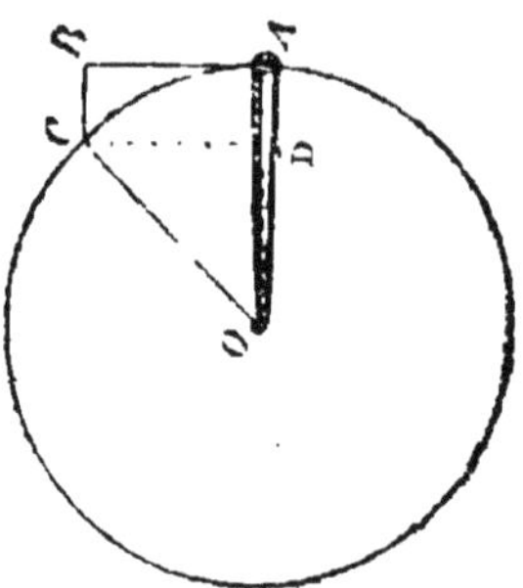

En faisant l'expérience, on sent que le fil se tend; la main est comme tiraillée par la pierre qui tourne; et cela pendant toute la durée de la révolution, aussi bien quand le mobile est au bas de sa course que lorsqu'il en atteint l'arc supérieur.

Si, à un instant donné, la fronde abandonne à elle-même la pierre qu'elle fait tourner, la pierre s'élance au loin en suivant la tangente AB.

La force qui tend à éloigner la pierre du centre, qui lui ferait à chaque instant et en chaque point décrire la tangente s'il n'était retenu par le fil, s'appelle *force centrifuge.*

54. *Règle d'Huyghens pour mesurer la force centrifuge.* — L'effort centrifuge résulte de la tendance naturelle au mouvement rectiligne, objet de la loi de Képler (15).

Le fil OA, par sa tension, tient lieu d'une force qui détruirait constamment la force centrifuge; le mobile peut être considéré comme sollicité par deux forces : l'une centrifuge, qui agissant seule lui ferait décrire AB, élément tangentiel pendant l'unité de temps; l'autre infléchissante, qui agissant seule le porterait dans le même temps de A en D. Sous l'action de ces deux forces (37), il décrit la diagonale AC, qui se confond avec l'arc AC, en prenant l'angle COA suffisamment petit.

Plus l'angle COA sera ouvert, plus la longueur CD sera grande; or cet angle mesure l'arc AC décrit dans l'unité de temps. L'effort centrifuge devient plus considérable à mesure que la vitesse augmente, puisque le mobile, en un temps donné, infléchit davantage sa route effective. De même cet effort est plus grand là où la courbure de cette trajectoire forcée se trouve plus accentuée.

Voilà ce que l'on conçoit aisément, mais une soigneuse étude mathématique a pu seule conduire le grand Huyghens à préciser ces deux aperçus.

Il a établi que, dans tous les mouvements circulaires,

la force centrifuge est en raison directe du carré de la vitesse linéaire et en raison inverse du rayon.

$$f = A\frac{V^2}{R}.$$

De ce cas fondamental, on passe à tout autre mouvement curviligne, en y remplaçant en chaque point la trajectoire donnée par le cercle *osculateur*, c'est-à-dire celui qui la touche le plus intimement possible; car un tel cercle offre à chaque instant, au mobile, les mêmes flexions consécutives que la courbe proposée.

55. L'effet de la force centrifuge se manifeste toutes les fois qu'un corps est assujetti à se mouvoir sur une courbe.

Lorsqu'on fait tourner rapidement un seau rempli d'eau et tenu à la main au bout d'une corde, l'eau demeure dans le vase, alors même qu'en V' il présente son orifice vers le sol. Si la rotation est assez rapide, la force centrifuge l'emporte sur la pesanteur, et l'on peut faire tourner le seau sans renverser une seule goutte d'eau.

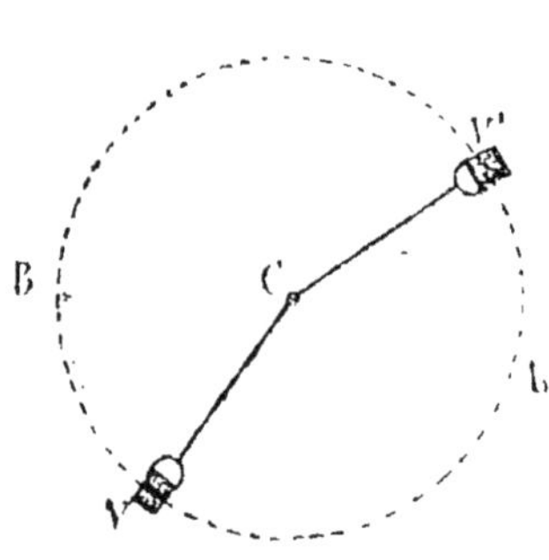

Lorsqu'un cheval galoppe en décrivant la circonférence d'un cirque, instinctivement il penche le haut du corps vers le centre de rotation. Sans quoi l'effort centrifuge le renverserait au dehors du cercle.

Considérons une roue fixée sur un arbre animé d'un mouvement de rotation; les efforts centrifuges tendent à la rompre si le mouvement est trop rapide (24).

56. La rotation journalière de la Terre autour de la ligne des pôles produit des efforts centrifuges qui altèrent le poids des corps à sa surface. Le poids d'un même corps est plus grand au pôle qu'à l'équateur, où l'effet de la force centrifuge est tout naturellement opposé à celui de la pesanteur.

On calcule que si la Terre tournait dix-sept fois plus vite, la pesanteur serait annulée à l'équateur par la force centrifuge; les corps cesseraient d'y être pesants; abandonnés à eux-mêmes, ils ne tomberaient pas.

§ 3. — CENTRE DE GRAVITÉ.

57. La physique nous enseigne que tous les corps abandonnés à eux-mêmes descendent vers la terre. La *pesanteur* est la force qui produit ce mouvement.

Les expériences de Galilée (47), confirmées par ses successeurs, ont démontré que cette force est continue, et que par suite elle imprime au corps qui tombe un mouvement varié; de plus, l'accélération est constante, et la chute d'un corps nous a offert le type du mouvement uniformément varié (46).

La pesanteur agit proportionnellement à la masse, comme nous le montre l'expérience suivante : On laisse tomber dans le vide une bille de plomb et une bille de liége de mêmes dimensions. Ces deux billes tombent également; leur mouvement est le même : donc, les forces qui les sollicitent sont proportionnelles à leurs masses (30).

L'intensité de la pesanteur varie en outre avec la distance au centre de la terre. Le pendule qui bat la seconde a une longueur proportionnelle à l'espace que parcourt un corps durant la première seconde de sa chute verticale. Cette longueur varie donc avec l'intensité de la pesanteur. L'expérience fait voir que cette intensité diminue du pôle à l'équateur. A l'équateur, en effet, où la surface de la terre est plus éloignée du centre, la pesanteur agit plus faiblement, et la longueur du pendule qui bat la seconde doit être plus petite.

Enfin, la direction de la pesanteur varie avec la latitude, comme étant toujours dirigée suivant le rayon terrestre.

Au point antipode de Paris, situé au sud de la Nouvelle-Zélande, la direction de la pesanteur est directement opposée à celle de Paris. Au lieu de descendre du haut en bas, elle irait de bas en haut, en prolongeant cette direction au travers de la terre.

58. Voilà ce que nous enseigne la physique sur la pesanteur. Mais en statique, où nous faisons abstraction du temps pour étudier l'équilibre à un instant déterminé, nous considérons la pesanteur comme toutes les autres forces, c'est-à-dire comme étant instantanées, et par conséquent comme produisant des mouvements rectilignes et uniformes (16). Nous la représenterons donc par une droite (21), comme toutes les forces extérieures quelconques.

De ce que la pesanteur agit proportionnellement à la masse, on peut concevoir que chaque molécule descend mue par une force spéciale; cette force sera égale pour toutes les molécules d'un corps homogène (59).

L'intensité sera constante, car l'on considère des corps dont les dimensions sont trop petites par rapport au rayon terrestre. En sorte que la pesanteur sera représentée par une même droite (28) pour une même molécule, quelle que soit sa hauteur au-dessus de la surface de la terre.

Enfin, comme l'on étudie des corps restreints, on regardera également comme constante la direction de la pesanteur, qui sera perpendiculaire à la surface des eaux tranquilles. Elle est indiquée par le fil à plomb.

Pour conclure, en statique, nous supposerons des corps homogènes, décomposés en molécules identiques, sollicitées par des forces égales, parallèles et de même sens.

La résultante de toutes ces forces (38) leur est parallèle, c'est-à-dire comme elles, perpendiculaire à la surface des eaux dormantes, elle est égale à leur somme.

Cette résultante est le *poids* du corps.

Son point d'application est le centre des forces égales et parallèles ; c'est le *centre de gravité* du corps.

59. D'après le point de vue sous lequel la statique considère la pesanteur (58), la recherche du centre de gravité d'un corps homogène devient une simple question de géométrie.

On dit qu'un corps est *homogène*, lorsque toutes ses molécules ont le même poids, ou bien, ce qui revient au même, lorsque son poids est proportionnel à son volume.

Le centre de gravité d'un cercle ou d'un polygone régulier est son centre géométrique. Celui d'un parallélogramme est l'intersection de ses deux diagonales. Le centre de gravité d'une sphère est son centre. Celui d'un parallélipipède est l'intersection commune de ses quatre diagonales, c'est-à-dire le milieu de l'une quelconque d'entre elles. Celui d'un cylindre droit est le milieu de son axe.

Le centre de gravité d'un triangle matériel et homogène est au point de concours des droites qui unissent les sommets aux milieux des côtés opposés.

Supposons le triangle ABC composé d'éléments linéaires parallèles à BC, le centre de gravité de chacun d'eux sera en son milieu, et par conséquent sur la médiane AD, qui divise toute parallèle à BC en deux parties égales. De même pour BE, le centre de gravité se trouve donc en G, intersection des médianes.

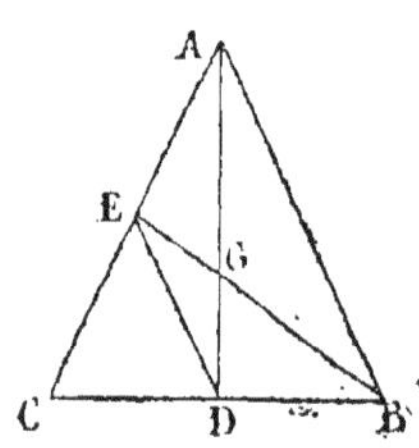

Du cas précédent, on déduit le centre de gravité d'un quadrilatère et en particulier d'un trapèze ; enfin, celui d'un polygone quelconque.

Le centre de gravité d'un prisme quelconque, droit ou oblique, matériel et homogène, est au milieu de la droite qui joint les centres de gravité des deux bases ; ou bien, il est le centre de gravité du polygone obtenu en menant par le milieu de la hauteur un plan parallèle aux bases.

On s'en rendra compte en remarquant que le centre de gravité du prisme doit être d'une part, dans le plan MNP qui partage en deux parties égales toutes les files de molécules parallèles aux arêtes; et d'autre part sur la ligne gg' qui contient les centres de gravité de toutes les tranches infiniment minces, parallèles aux bases dont on peut concevoir le volume du prisme composé. Le centre de gravité est donc l'intersection G du plan MNP et de la droite gg'.

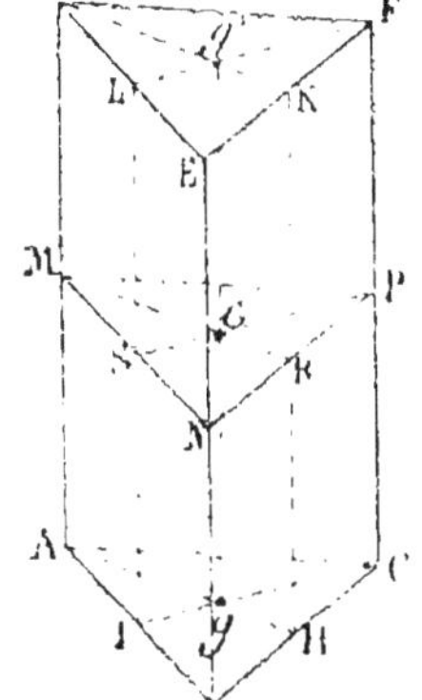

Le centre de gravité d'une pyramide matérielle et homogène est sur la droite qui joint le sommet au centre de gravité de la base au quart. à partir de la base ou aux trois quarts à partir du sommet: ou bien, il est le centre de gravité du polygone, que l'on obtient en menant au quart de la hauteur un plan parallèle à la base.

Le centre de gravité d'un cône est sur son axe au quart à partir de la base.

La plupart de ces déterminations de centre de gravité sont dues à Archimède.

Lorsqu'on connait le poids et le centre de gravité de plusieurs corps, on peut trouver le centre de gravité du système. On imagine des forces parallèles, verticales, égales aux poids respectifs de ces corps, appliquées à leurs centres de gravité particuliers, et on compose ces forces (38).

Exemples : I. Un cylindre est composé de deux parties AB et BC de matières différentes; la première AB pèse 9 kilos; la deuxième BC pèse 26 kilos; déterminer son centre de gravité.

Il s'agit de composer les deux forces parallèles gp et $g'p'$ de même sens. La résultante (38) sera égale à leur somme, soit 35 kilos; elle leur sera parallèle et son point

d'application G sera tel que

$$\frac{Gg'}{Gg} = \frac{gp}{g'p'} = \frac{9}{26}.$$

II. Déterminer le centre de gravité d'un système formé de trois masses également pesantes dont on connaît les centres de gravité respectifs.

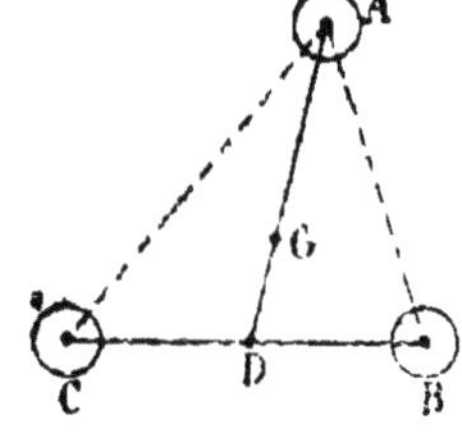

Considérons B et C, la résultante (38) de leurs poids sera appliquée en D milieu de BC. La résultante du poids p de la masse A et du poids $2p$ appliqué en D sera $3p$ et appliquée en G tel que

$$\frac{DG}{AG} = \frac{p}{2p} = 1/2,$$

c'est-à-dire que DG est la moitie de AG ou le tiers de AD.

60. En statique, le poids d'un corps est représenté par une droite verticale appliquée à son centre de gravité. Si ce corps est suspendu à un point fixe, il est en équilibre lorsque la verticale menée du point fixe passe par son centre de gravité.

Deux cas se présentent :

Si le centre de gravité est placé au-dessous du point de suspension, l'équilibre est *stable*. Quand il est momentanément troublé, il tend à se rétablir spontanément. Le corps oscille autour de cette situation; les oscillations sont bientôt détruites par les résistances extérieures, et le corps reprend sa position d'équilibre.

Si le centre de gravité est au-dessus du point de suspension, l'équilibre est *instable*. Une fois altéré, il tend à s'altérer de plus en plus, sans jamais ramener le corps à sa position première.

61. Le pendule nous permet d'étudier l'équilibre stable.

Une boule B est suspendue au point O.

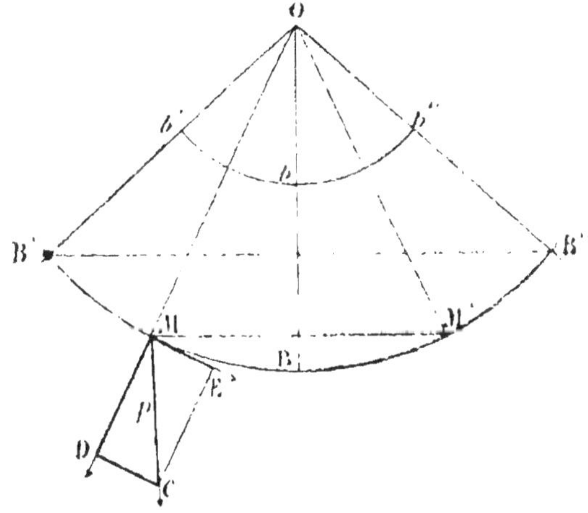

Sous l'action de la pesanteur la boule B occupe la position OB; elle est en équilibre.

Si on amène la boule en B′ et qu'on l'abandonne à elle-même, elle prend un mouvement de va et vient, suivant l'arc B′B″.

Le poids de B agissant en M suivant la verticale MC, peut être décomposé en deux forces (37) dont il est la résultante; la force ME tangente à l'arc B′B″ et la force MD dirigée suivant le fil OM. Cette dernière est détruite par la résistance du fil tendu et fixé en O. La première force ME agit seule et ramène le corps de B′ en B, en allant, en décroissant: en B, la boule a une certaine vitesse; mais la composante tangentielle reparaît, agit en sens inverse et tend à détruire le mouvement ascendant de la boule. Elle s'arrête en effet en B″ et redescend vers B, comme précédemment elle était partie du point B′.

Galilée et après lui Huyghens, ont observé le mouvement du pendule et en ont découvert les lois.

L'art du jongleur consiste à maintenir l'équilibre instable d'un corps. Il faut que la verticale menée du centre de gravité passe par le point fixe, doigt, nez, menton de l'équilibriste. Toute son adresse a pour objet de maintenir cette direction. Dès que le centre de gravité quitte la verticale, l'objet est précipité à terre.

62. Après avoir constaté le rôle statique du centre de gravité, examinons ses propriétés dynamiques.

Un corps pesant abandonné à lui-même, tombe comme si toute sa masse était concentrée au centre de gravité; son mouvement est rectiligne et uniformément accéléré (46). On peut comprendre que, par analogie, un corps sollicité par une force qui passe par son centre de gravité prenne un mouvement de translation sans aucunement tourner sur lui-même. Au centre de gravité, chacun des deux mouvements dont tout corps est animé (50) deviennent indépendants; chacun d'eux s'accomplit toujours comme si l'autre n'existait pas.

On peut donc réduire les masses à de simples points mathématiques quand il s'agit de l'étude des translations. De même pour les rotations, on peut faire abstraction de toutes les forces qui n'influent que sur le déplacement du centre de gravité qu'on suppose alors fixe.

Par exemple, cherchons à déterminer l'action effective d'une impulsion sur un corps donné. Le centre de gravité sera animé d'un mouvement rectiligne et uniforme (16) comme si le coup y avait été appliqué directement.

Voilà pour la translation; mais l'étude isolée de la rotation présentera d'immenses difficultés relatives à la forme et à la constitution du corps, sauf le cas d'une sphère homogène tournant uniformément autour d'un axe invariable perpendiculaire au plan mené de son centre à la droite d'impulsion.

Une bille frappée excentriquement s'élance sur un billard; elle suit une ligne droite comme si le coup avait été appliqué à son centre et tourne autour de ce point.

Une bouche à feu rayée a pour effet de communiquer au projectile qu'elle lance, suivant une certaine trajectoire déterminée, un mouvement rapide de rotation autour de son axe de figure.

Les planètes et la Terre se transportent autour du Soleil en tournant sur elles-mêmes. La rotation diurne de la Terre autour de la ligne des pôles, s'effectue autour d'un axe permanent de rotation, puisque les latitudes géographiques ne varient pas.

63. Si des forces purement intérieures agissent sur les diverses parties d'un corps, le centre de gravité général demeure fixe.

Sur un plan horizontal parfaitement poli et sans frottement un homme pourrait s'élever ou s'abaisser, mais il ne saurait déplacer son centre de gravité dans une direction latérale; un tel déplacement exigerait qu'il pût s'appuyer sur le côté; or cela lui est absolument impossible, si le plan sur lequel posent ses pieds est d'un poli parfait.

Lorsqu'un projectile fait explosion, quel que soit le nombre des fragments, le centre de gravité de la masse projetée continue à décrire la même trajectoire que si ces éclats ne se fussent pas désunis; en faisant abstraction des résistances extérieures.

Le recul des bouches à feu s'explique ainsi. Tant que le projectile n'est pas sorti de l'âme, l'expansion des gaz produits par la poudre développe des actions intérieures s'exerçant à la fois sur le canon et sur le boulet; ceux-ci prennent simultanément des mouvements de sens opposés et le centre de gravité reste fixe.

Telles sont les notions préliminaires de mécanique qui nous paraissent indispensables pour apprécier la mécanique céleste d'une façon élémentaire et pour suivre avec fruit les cours de machines et de mécanique industrielle.

FIN.

TABLE DES MATIÈRES

§ 2. — *Lois naturelles du mouvement.*

I.

II.

III.

TROISIÈME PARTIE.

EXAMEN DES PRINCIPAUX RÉSULTATS DE LA MÉCANIQUE.

§ 1. — *Statique.*

§ 2. — *Dynamique.*

I.

MOUVEMENTS DE TRANSLATION.

II.

MOUVEMENTS DE ROTATION.

§ 3. — *Centre de gravité.*

Paris. — J. DEJEY & Cie, imprimeurs, 18, rue de la Perle.

www.ingramcontent.com/pod-product-compliance
Ingram Content Group UK Ltd.
Pitfield, Milton Keynes, MK11 3LW, UK
UKHW020412230726
13925UKWH00004B/1375

9 782014 450255